Life is simple.
找准心理平衡点 II
生活简单一点

冯希敏 编著

中国城市出版社
·北 京·

图书在版编目（CIP）数据

找准心理平衡点/冯希敏编著．—北京：中国城市出版社，2013．8

ISBN 978-7-5074-2868-1

Ⅰ．①找…　Ⅱ．①冯…　Ⅲ．①心理学—通俗读物 Ⅳ．①B84-49

中国版本国书馆CIP数据核字（2013）第192506号

责任编辑　张惠平
装帧设计　佳捷真
责任技术编辑　张建军
出版发行　中国城市出版社
地　　址　北京市西城区广安门南街甲30号（邮编：10053）
网　　址　www.citypress.cn
发行部电话　（010）63454857　63289949
发行部传真　（010）63421417　63400635
总编室电话　（010）68171928
总编室信箱　citypress@sins.com
经　　销　新华书店
印　　刷　北京圣夫亚美印刷有限公司
字　　数　185千字　印张 15.25
开　　本　710×1000（毫米）1/16
版　　次　2013年11月第 1 版
印　　次　2013年11月第 1 次印刷
定　　价　32.00元

前言
Preface

这世界有太多的喧嚣，太多的诱惑，太多的色彩。多少人身陷其中，给自己套上一副副枷锁，捆上一根根绳索，在物质利益与道德准则之间艰难抉择，在坚守与放弃之间彷徨进退，在理智与情感之间权衡犹疑，把自己折磨得心力交瘁，一身疾病，一生苦闷。

这一切都是因为失去了心理的平衡。

有一位专情的男子，遇见了一个心仪的女孩，为这个可遇不可求的人儿，选择了等待，苦苦守候了好几年，茶饭不思，夜不成眠。数年之中，婉拒了两位对他示爱的女子，放弃了数次事业发展的机会，甚至为此淡漠了最宝贵的亲情。最终，伊人仍是水中花、镜中月，远赴天涯，与别人踏上了婚姻的红地毯。与其无望等待，不如暂且放弃；与其郁悒哀怨，悔恨嗟叹，不如呵呵一笑，仰天而去，“天生我才必有妻，千金散尽爱复来”。

有的人，过分看重金钱权势，认为财富与权力是一个人成功的标志，是衡量人生价值的唯一标准。为了一官半职，微名小利，委曲求全，拍马逢迎，甚至不惜代价，泯灭良知。为所谓的追求放弃了健康，背离了道德，模糊了生活原本的意义，值得吗？也许，垂暮之年他会明白，人这一生所有的奋斗与努力虽然都是为了更好地生活，但人生真正的内核，其实就是从容、快乐地生活。

还记得那个在海边晒太阳的渔夫吗？有位游客看他一连几天不出海，担心地问他为什么不去努力赚钱，渔夫反问为什么要赚钱。“有了钱就可以悠闲地散步、晒太阳啦！”“我现在已经在晒太阳了。”

一个人的心理平衡了，就可以笑傲江湖，笑傲职场，笑对所有的荣辱得失。苏东坡一贬再贬，却一直活得自在快乐，他的平衡点是“无官一身轻”，不能朝中当高官，可以在乡野饮酒做诗交朋友；李嘉诚财富越积越多，却没有因财富招惹灾祸，他的平衡点是“为富可仁”，把财富分给需要的人，多做慈善事业；霍英东和何鸿燊能合作四十年，他们的平衡点是“友谊重于金钱”，在利益分配上吃亏算不了什么，没有友谊就没有合作，没有合作，利益就等于零。

心理平衡点，其实就是心理调节点，就像一个天平，无论哪一边重，都可以通过调节使它保持平衡。在人与人的竞争中，有的人实力就是比你强，双方的力量是不平衡的，但你可以通过调节，找到平衡点，放弃一些东西，去赢得自己最需要的。

古人云:“知止而后有定，定而后能静，静而后能安，安而后能虑，虑而后能得。”心理平衡的过程就是“虑而得”的过程，就看你如何掌控，如何取舍。

掬一捧痛苦与欢笑的泪水，给心灵洗个澡。在一片宁静里，问问自己的心灵真正需要什么？喜欢什么？想躲避什么？还能被什么所激荡？它是敏感的，还是已经麻木了？多关注一下自己，与心灵对话，引入阳光照亮自己，照亮自己的人生和事业。

这里遴选了带有普遍性的80多个心理失衡的案例，开出心灵处方，希望能帮助你找到自己的心理平衡点，让精神回归“家园”，完美你的绿色人生。

Contents 目录

对自己要了解，尤其应该明白自己某方面存在不足，有些东西是人力无法改变的。为了避免挫折感，应该把目标和要求定在自己能力范围之内，懂得欣赏自己已取得的成就，心情自然就会舒畅。

每个人相对于这个世界都是独特的、个性化的，对自己的认识是一个不容易的过程，更何况对他人。所以对他人，我们不能苛求太多，付出自己的真诚，不要期望对方回报你什么，“赠人玫瑰、手留余香”。

有时心理不平衡，是害怕自己不如别人，在利益上只顾自己而不顾他人，这样只会滋长处处与人争斗的攻击心理，使得自己经常处于紧张状态。其实，人与人之间应和谐相处，只要你不敌视别人，别人也不会与你为敌。

第六章　宽容与计较 ………………………………… 121

人难免犯错误，但对待错误的方式有两种：一种是不敢面对，设法回避；一种是承认错误，并希望得到别人的原谅。而对待别人的错误也有两种态度：一种是抓住不放；一种是分析错误的原因，适当的时候表示自己的善意，给予宽容，诚挚地进行沟通，这样自然就会相互尊重多了，隔阂少了，心境自然会变得平静。

第七章　面对与回避 ………………………………… 145

处理工作和生活中的一些问题，该面对的不回避，但只要大前提不受影响，在非原则问题方面无需过分坚持，睁只眼闭只眼，以减少自己的烦恼。

要想在工作与休闲之间找到平衡点，就必须学会放松。当你感到工作乏味或难题如麻时，不如把手头的事情暂时放下，去做你喜欢做的事，待心境平和后，再重新面对自己的难题，思考解决的办法。

有时我们心理不平衡，完全是因为自己没有把握好理智与情感的分寸，该用感情的地方却扮着一副严肃的面孔，没有人情味；该理智的时候却陷入感情泥潭，不能自拔。其实，人与人之间应和谐相处，只要找到了感情与理智的平衡点，就会到达幸福的彼岸。

生活中有烦恼是常事，把所有的烦恼都闷在心里，只会令人抑郁苦闷，有害身心健康。如果把内心的烦恼向知己好友倾诉，心情会顿感舒畅。

第一章　物质与精神

没有物质就无法生存，所以人是离不开物质的。当今人们普遍想生活质量好一点儿，这是非常正常的需要。但物质的富足与地位的提高，并不一定能带来快乐，也是事实。故而生活质量高低，物质条件好坏并不是唯一的指标。人的一生伴随着荣与辱、升与降、得与失，虽然不以个人意志为转移，但一个注重精神生活的人，完全能做到宠辱不惊、淡泊名利、处处心理平衡，以获得最大的快乐。

要从发财的幻想中解脱出来

他本来是个很快乐的人，可是自从他做了一笔生意后，尝到了甜头，便把所有的积蓄都拿出来与人合伙做生意。这本来也不失为一种积极的行为，可是他的大脑里充满了发财的幻想，想一日暴富，所以他没有按规矩去诚实经营，结果栽了跟头，血本无归，还被罚了款。

他不死心，天天想着发财，梦里抱着巨款，醒来两手空空，他的精神失常了，在彩票销售点晃悠，心想从地上捡到一张能中大奖的彩票就好了。

在物质与精神之间找平衡点时，我们既不可漠视物质，但也不能极端拜物，让金钱支配了自己的生活。财富使心理压力上升，心理得不到平衡，很难有轻松愉快的心情。

"穷则思变"是正常的，而陷入发财的幻想与梦想，就会从此失去安宁、失去快乐。为了发财，有的人背离道德、泯灭良知甚至做出犯法的事。贪念一起，不择手段，危险的系数越来越大。或者受金钱的诱惑，受骗上当，想要的钱没有赚到，反而赔光了自己的钱。有个姓林的小伙子本来生意做得很顺利，可涉足非法的"六合彩"毁了自己。他在厦门市认识广东人郑某（庄家），受10%抽利的驱使，成为郑某的下线，在海沧钟山村开连云票销售三期非法"六合彩"，共收得销售款3400元，交给上线郑某2000多元，从中抽利200多元，私自做庄，截留"彩款"吃注1000多元。林某自以为"聪明"，其实聪明反被聪明误，发财梦破灭成为泡影，在一次做庄设赌时，返赔彩民共计43700元。只好变卖摩托车、电视机等家当，东凑西借先兑现 33700 元，还有一万元另写下欠条。小林财迷心窍，梦想通过赌非法“六合彩”发财，其结果是给家庭造成不可挽回的损失。

疯狂敛财的人多有这样一种意识，就是财富越多就会越幸福。财富的确可以给人们带来享受，带来成就感、满足感，带来快乐和幸福。然而任何事情不是绝对的。有的时候财富带给我们的除了富足的生活之外，还有无尽的烦恼。

如今人们对物质的占有已远远超过了他们的实际需要。然而，人们仍然争先恐后，贪婪地追逐着：金钱要比别人多，汽车要比别人高级，住宅要比别人豪华……究其本质，这是“人性之恶（兽性）”在现实生活中的一种极端表现，是“赢家通吃”的思想在物质世界里的一种外在反映；再深究下去，这其实跟我们社会的价值取向整体上出现偏差不无关联。

据英国《经济学家》周刊报道，近年来，关于“快乐”的研究——与传统的人均 GDP 等经济衡量标准相反，正在引起经济学家越来越多的关注。伦敦经济学院教授理查德·莱亚德在一系列讲座中通过借鉴心理学、社会学等领域的成果，再加上自己的研究，试图解开这一矛盾。一种解释是“习惯性”：人们很快适应了生活水平的变化，因此，尽管生活的改善让他们快乐了一段时间，但这种效果很快就消失了。比如，30 年前集中供暖还是一种奢侈的享受，如今它已经必不可少了，人们就不再觉得这是一种享受了。

美国加利福尼亚大学经济学家理查德·伊斯特林对《普通社会调查》的资料进行分析后说：“许多人都怀有一种错觉：钱越多，越快乐。人们想方设法赚钱，不顾家人，不顾身体……问题在于，人们意识不到，赚钱越多，物质需求也就越高。”

无边的物欲、无尽的工作、无序的人际关系，笼罩着的是一个纷繁纷乱、纷纷扰扰的世界。这不是我们最初热望的梦幻田园，也

不是我们现实追寻的黄金彼岸。这里没有心灵之约，因为仿佛所有的心都只能选择漂泊——这是那种生活在别处的感觉，因为我们没有家。然而我们依然要寻找，因为谁都知道，漂泊得越久，就越需要一个温暖的港口——我们的港口，需要精神充实的生活。

在劳动还是一种谋生手段的今天，完全抛开物质谈精神是不现实的。不过，认清楚金钱在我们的生活中扮演的角色，调整自我心态，将幸福掌握在自己手上，何乐而不为？

别人发财，你的心态平衡吗

外国一家知名企业下属一个研究所的技术助理用他的安全通行证从研究所偷走了价值很高的计算机软件和设备。他把这些设备拿到国际市场出售，还在网上进行拍卖。结果此人被警方逮捕。他说："一些人因公司给他们的股票期权成为百万富翁，可是我没有，还时时面临着被解雇的境况，所以心理很不平衡。本来我也是有希望得到公司股权的，可经济衰退使我做富翁的美梦变成泡影。我为公司做出了贡献，快要得到享受的时候却出现了经济滑坡，大裁员，太不幸了。我认为，我是拿走我应该得到的东西。做这种事的不止我一个，大家的心态是一样的。"

现实生活中，每个人的内心世界或多或少都有一些不平衡心理。某人赚了钱，某人升了官，某人买了车，某人住进了别墅等，自己本来比别人强，可却不如别人风光体面。

对比产生了心理不平衡，而这种心理不平衡又驱使着人们去追求一种新的平衡。如果在追求新的平衡中，你能不昧良知、不损害别人，自觉接受道德约束和规则限制，通过正当的努力、奋斗去实现人生的自我价值，达到一种新的平衡，倒也是值得称道和庆幸的；倘若在追求新的平衡中，不择手段，毫无廉耻，那就必然会产生一些意想不到的可怕后果。由此，你的人生必将陷入难以回旋的败局之中。

周某曾是个表现不错、工作能干也很有前途的地方官员，因政绩突出，不断受到提拔。但在最近这几年，当他知悉过去的同事、同学通过各种途径生活条件都比他好时，心里总不是滋味。想想自己能力不比他们差，而且自己作为一地之长，担子比他们重，责任比他们大，工作也比他们辛苦，经济上却不如他们。因此，深感不平衡，由此萌生了一定要超过他们的想法。这样，他思想上警惕的闸门在不平衡心理的驱动之下被撞开了，欲望的洪水顿时倾泻而下，一发不可收。于是他在任职期间，大肆收受贿赂，最终成了一名被判“死缓”的囚犯。

有一名年轻的教师，原先在教学上精益求精、兢兢业业，对学生无私奉献，赢得学生和家长的一致好评。但在一次朋友相聚的晚宴上，他看见一些人很富有，心里不舒服起来。此后他总在想：我怎样也能富有呢？于是，他经常利用上班的时间做发财梦，开始对教书不负责任。学生和家长意见很大，学校领导也对他进行了严重的警告，但他毫不悔改，每天还是想着如何发财。一次，他在一个朋友的鼓动下，去做走私生意，最终被抓。其结果是财没有发成，却做了阶下囚。

不平衡使得一部分人的心理自始至终处于一种极度不安的焦躁、矛盾、激愤之中，使他们满腹牢骚，不思进取，工作中得过且过，更有甚者，会铤而走险，玩火烧身，走上了危险的“钢丝绳”。

因此，我们必须走出不平衡的心理误区。怎样才能从这种不平衡的心理误区中突围出来呢？以下几点值得考虑：

首先，不可乱比较。因为不平衡心理源于比较，源于比较方式的不当，源于比较“参照系”选择的失误。例如前面所说的地方官和教师，他们所选择的比较“参照系”自然是那些风流倜傥的有钱人，自认为能力、才华不比他们差，而收获却比他们少，这是多么不公平啊！其实，只要我们多想一想那些普通劳动者，面对众多的普通人，我们的心灵必然会多一分平静豁达，甚至多一分愧疚。还有什么不平衡可言呢？

其次，保持心底无私。心理不平衡会导致人生创伤，而心底无私则是治愈心理不平衡的良药。当今社会，在种种诱惑，特别是在金钱美色的诱惑面前，一些人目眩头晕，忘记了做人的起码标准和人之所以为人的基本守则，在追求心理平衡的过程中，向腐败、堕落的目标迈进。他们身上缺少的是圣洁的理想、奋斗的信念，缺少的是一种世界观、人生观的持续改造，不能够自重、自省、自警、自励，就不能够达到一种高尚人格的境界。

心理不平衡会成为工作甚至人际交往的一个障碍。由于不能用理智来评价自身，也就不能客观公正地去评价别人，从而赢得别人的理解和信任；也由于总是把自己的观点强加于人，势必会造成别人的反感心理，从而在工作上造成一种不满情绪，在人际交往上产生一种“心理对抗”；还由于心理不平衡，就难免与人发生争执，从而影响与他人的思想交流和融洽相处。不平衡而过于固执就无法与人沟通，会使你处于孤立无援、举目无友的境地，最终导致怀疑自己的能力、动摇甚至丧失自信。

你可以主宰你自己吗

自诉者：对于物质和精神的关系，我不会处理，所以酿成了今天的后果。我受物质的刺激和别人的影响，拼命地敛财。我以为有钱人都活得开心，吃香喝辣，车子女人，风光无限。我羡慕他们，不甘心不如他们，却不知道物质并不能给人带来快乐。我的心理疾病这么严重，原因就是我不能主宰我自己的命运，心理有病，所以发疯地搞钱，越陷越深，无法回头。别学我，钱是好东西，但不能贪，知足常乐。搞钱不能玩火，玩火必自焚。别人要是学我，那就是自己找死。只有当你面对死亡，才明白生命是最宝贵的，就会知道放纵自己会得到什么样的结果。我现在已无法躲避降临的灾难……

有些人的快乐与烦恼非常容易受环境左右，他们常常喜怒无常，搞得别人束手无策，只好对他避而远之，结果让他的心情很压抑、沉重，更加苦恼、烦躁。他十分想得到帮助。

其实，这样的苦恼仍需自己解决，问题的症结就在于认知评价系统如何对外界刺激进行应答和选择。

古代有一位学者向南隐禅师请教禅学。南隐沏茶招待，将茶水倒入杯中，茶溢了出来，但他还是继续地倒。学者说："师父，茶已满出来了，不要再倒了。"南隐说："你就像这杯子一样，里面装满了你自己的看法和观点。如果不先把你自己的杯子倒空，你叫我如何对你说禅？只有心虚才能容道。"

可见，你如果心中有自己的成见，认为人们不可能征服烦恼，那么，就听不见别人的箴言了。

人，一旦降临这个世界，便陷入动荡不定的境遇之中，悲哀、愤怒、忧虑、愧疚和烦恼可能会不间断地困扰着每个人，给人们的精神套上沉重的枷锁。面对现实的挑战，你能抵御消极情绪的袭击吗？你能征服烦恼吗？你能够主宰自己吗？

回答是肯定的。只要你相信：问题的症结就在于你的认知评价系统。

人们往往错误地认为，生活的快乐与否，完全取决于外界刺激的大小，刺激大，烦恼大；刺激小，烦恼小。听起来似乎很有道理，其实这中间忽视了一个关键问题，那就是对你自己头脑的加工。例如，面对火车晚点这一不良刺激，有的人大发雷霆，急得团团转，焦躁上火；有的人到服务部买点儿东西吃，买本书或报纸消遣，坦然等待；有的人坐在候车室给朋友发短信，充分利用时间。很明显，这三种不同的反应，绝不是由外界刺激的大小决定的，而是由他们对同一刺激的不同态度决定的。要知道，火车晚点绝不会因为你大发雷霆而改变。

可见，仅仅是环境并不能使人们快乐或不快乐，快乐不快乐是我们对外界环境刺激的选择。也就是说，事件本身没有压力，它们是否使我们感到紧张、有压力，在于我们以什么样的思考方式和方法看待它们。玩过山车，对一些人来说，是痛苦，对另一些人来说，却是令人快乐的刺激。如果你选择悲伤的事思考，浑身会充满凄凉的感觉；如果你选择恐惧的事思考，会感到毛骨悚然，浑身冒冷汗；如果你选择病痛来思考，自然会愁容满面；如果你选择令人喜悦的事来思考，定是眉飞色舞；如果你毫无信心，失败会接踵而来……总之，我们快乐与否掌握在自己手上，把握了物质与精神的关系，找到了心理平衡点，穷也快乐，富也快乐。

有人说，人生就像一幅画，总会有留白的地方。俄国一位作家曾说过：“在人的一生中，失去的比获得的更为重要。种子消失之后，才能发芽。”人生是个大舞台，要想活得精彩，活得壮美，活得有气魄，不仅要学会给生命留白，而且要有一颗平常心，淡然看待人生的得失成败。

所谓平常心，乃是遇到物质刺激时能抑制自己不受影响的一种心态。在错综复杂的社会中，若想在各种压力下保护自己，平常心

是良药中的精品。有了平常心，你才能尽快地从物质的泥潭中走出去，鼓起勇气去迎接新的生活；有了平常心，你才能在挑战中不畏首畏尾，全身心投入。

如何跨越人格的障碍

2003年4月1日，香港著名艺人张国荣坠楼自杀，引起华人界一片哗然。一开始听到这个消息，许多人都以为这不过是愚人节荒谬的谎言，可它的的确确是一条真实的消息。曾给观众塑造了不少难以忘却形象的影视歌三栖明星的张国荣，就这样在愚人节给人们开了个令人不得不相信的“玩笑”。

我们每一个人，都有过受累于情绪的经历，似乎烦恼、压抑、失落甚至痛苦总是紧随着自己，于是频频抱怨生活对自己不公平，企盼某一天欢乐能够降临。尤其是成功人士，或多或少都会有完美主义、自恋、偏执、表演倾向——小到对指甲的专心修饰，大到爱自己而不能与另外的人相爱。他们在物质与精神、名与利之间游离，淡薄了抓住心理平衡点的意识，以致精神常常处于崩溃的边缘。

完美主义：有完美主义特点的人是最有天赋、最具创造力的，可能有音乐、哲学、文学等多方面的才华。亚里士多德说：“所有天才都是完美主义者。你天资聪颖，若能被恰当激发，得以发挥，便会有杰出的成就。”所以，很多政治家、商业奇才、作家都有明显的完美主义特点，尤其是音乐、哲学、文学界的成功人士更为突出。

成功人士无论对于事业还是感情，都要追求最完美。然而，世界上没有真正的完美，对完美的追求往往是一种自虐，会使他们的精神和心理产生失衡状态。

自恋：英语为 Narciasism，直译成汉语是水仙花。这来自一个美丽的古希腊神话：美少年那西斯在水中看到了自己的倒影，便爱上了自己，每天茶饭不思，憔悴而死，变成了一朵花，后人称之为水仙花。从张国荣的演艺生涯看，忧郁情绪时常困扰着他，不知道这是不是他最终选择自杀作为最后归宿的原因？他留下了一段话："我承认我一度灰心失意，因为自己永远在次要位置，别人不做的戏由我顶上，别人不唱的歌由我接唱。我曾经质问自己究竟为了什么，既然做得不开心，又为何还留在这个圈子里？"

成功使人更加自恋，如果不注意调整，会过分自恋，凡事看到的都是自己，渐渐整个世界也都变成了自己一个人的了。

偏执：有偏执特点的人，往往会做出突出的成绩和贡献，由于这类患者有较强的掩饰性，同时，他们往往保留着完整的智力和能力，在不涉及重大利益冲突时，几乎难以被人察觉。对于挫折与拒绝过分敏感，容易长久地记仇，即不肯原谅曾侮辱、伤害或轻视自己的人。从心理发育的角度讲，偏执型人格障碍者，有比较高的幼稚度。常常喜欢使用"投射心理机制"——即自己是怎么想的，就认为别人是怎么想的，自己是怎样感觉的，就把感觉当作现实，也就是"以己之心，度人之腹"。所以，这些人缺少与别人和外界的"界限感"，难以分清自己和别人的想法，难以区别想象和现实。

成功很容易使偏执型的人专心生活在"个人神话"中。并且，这类人的心理由于发育不健全、心理防御机制比较单一，使幻想和投射成了几乎唯一的思维和生活方式，所以，围绕着投射建立了强大、顽固的防线。他会把全部精力用于维持自己的"幻想神话"，加之偏执型人格的智商都是非常高的，所以，他们所编织的神话，是无法用辩论或者劝导瓦解的。

表演：这种人的情绪特点是以一种过分情感化和夸张的言行吸

引别人的注意力。感情多变，容易受别人的暗示影响，常希望领导和同事表扬和敬佩自己，爱出风头，积极参加各种人多的活动，常以外貌和言行的戏剧化来引人注意。他们常感情用事，用自己的好恶来判断事物，喜欢幻想。

成功人士往往会有更多机会来强化人格中表演特征，甚至最终形成表演型人格障碍，他们是幻想性激情的牺牲品，他们被各种富有激情的幻想驱使着，整天忙来忙去。他们情绪化地生活着，喜怒哀乐无常。

人活在世上想让自己生活中不出现一点烦心事几乎是不可能的，关键是该如何找到心理平衡点，克服不良的人格倾向，做生活的主人，做情绪的主人，从而走出心理的低谷。

人都是有情绪的，但要让它保持在一个较为恒定的状态。许多人都懂得要做情绪的主人这个道理，可遇到具体问题却总是知难而退，认为控制情绪实在是太难了。言下之意就是：无法控制自己的情绪。身处逆境时，用充满勇气的语气对自己坚定地说："我一定能走出情绪的低谷，现在就让我来试一试。"这样你的自主性就会被启动，走下去就是一番崭新的天地，你就会成为情绪的主人。

克服自己的人格障碍，把握好精神与物质的关系，处理好精神世界，才有可能面对物质世界。

调整控制情绪并没有你想象的那么难，只要掌握一些正确的方法，就可以很好地驾驭自己。在众多调整情绪的方法中，你可以先学一下"情绪转移法"，即暂时避开不良的刺激，把注意力、精力、兴趣投入到另一项活动中去，以减轻不良情绪对自己的冲击，减少心理创伤。

有个正走红的女歌手，她以为自己上春节晚会没问题，可是却落选了，看到朋友、他人接到入选通知书时，她深感失落，但她没有让自己沉浸在这种不良情绪中，而是幽默地告诉好友："我要去'避难'了。"说罢便出门旅游去了。风景如画的大自然深深地吸引了她，辽阔的海洋荡去了她心中的忧郁，情绪平稳了，心胸开阔了，她又以良好的心态走进生活，面对现实。

如何医治自己的悲观心理

某著名上市公司办公室主任李小娜说："我算是个幸运的人，顺利地考上大学的热门专业，毕业后又分配到当时非常令人羡慕的国字号外贸公司。然而工作了几年之后，周而复始、一成不变的工作模式以及沉闷的工作环境，使我的工作热情渐渐冷却。我越来越感到理想与现实的巨大差距，加之对外面的世界了解甚少，从前的热情已被无奈取代，上班几乎成了负担，强烈的悲观情绪与日俱增。心想与其这样混下去，不如回家算了。我甚至希望放弃工作，通过婚姻来改变现状。想想自己还这么年轻就对未来丧失了信心，有时还会感到不寒而栗。但看到越来越多的同事，尤其是同期或后来分配来的同事纷纷辞职，我又开始蠢蠢欲动，甚至想通过移民改变现状。"

面对物质世界，人不是乐观就是悲观，这两种态度是人类典型的也是最基本的两种倾向，它影响着我们的生活方式和生活质量。

美国医生做过这样的实验：他们让患者服用安慰剂。安慰剂呈粉状，是用水、糖加上某种颜色配制的。当患者相信药力，就是说，当他们对安慰剂的效力持乐观态度时，治疗效果就显著。如果医生自己也确信这个处方，疗效就更为显著了。这一点已由实验得到了证实。

悲观态度是由精神引起的，它会影响人的组织器官。有一个意外的事故证明了这一点。一位铁路工人意外地被锁在一个冷冻车厢里，他清楚地意识到他是在冷冻车厢里，如果出不去，就会冻死。不到 20 个小时，冷冻车厢被打开时那个工人已经死了。可是，人们仔细检查了车厢，冷冻开关并没有打开。而那位工人确实死了，因为他确信，在冷冻的情况下是不能活命的。所以，在极端的情况下，极度悲观会导致死亡。一般乐观主义者总是假设自己是成功的，也就是说，他在行动之前，他已经有了 85%的成功希望。许多人都知道大发明家爱迪生的故事，他在寻找适合做灯丝材料的过程中，做了 1200 次试验，失败了 1200 次，就是找不到一种既能够耐高温又经久耐用的好材料。这时，别人对他说："你已经失败了 1200 次了，还要试验下去吗？"

爱迪生回答说："不，我并没有失败，我已经发现有 1200 种材料不适合做灯丝。"正是这种积极乐观的态度激励他去获得了最后的成功。

爱迪生何尝不是找到了心理的平衡点？他不被别人所左右，把失败理解为掌握了更多的经验，也就不会气馁、不会沮丧。

越担惊受怕，越遭受灾祸。因此，一定要懂得积极态度所带来的力量，要相信希望和乐观能引导你走向胜利。即使处境危难，也要寻找积极因素。这样，你就会保持内心的平稳。

我们都怕出错，而且常常因出错而受到指责，但是我们可以掌握行动不受情绪左右的办法。

受到批评，不必感到失望、不平或愤怒，而应把精力用在一项明确的计划上，平息批评，重新起步。

如果你不愿从错误中学习，你便会千方百计地掩饰错误。隐藏的错误会成为你工作上的"毒瘤"，甚至危害到你的人际关系和事业，掩饰一个严重的错误就像掩饰癌症的症状一样，将导致整个机构的瓦解。你如果有责任心，就应勇于认错。你应该对自己这么说：“我的能力不仅于此，下次我会表现得更好。”或“我没考虑到不利因素，以后我就知道该注意这件事了”。这就是“从错误中学习”的含义。

有时候，我们又太勇于自责了。我们会说：“这都是我的错。”“我什么事都做不好。”如果是我们的错，自责倒也无妨，但明明不是我们的错而强加自责，便有危险。喜欢自责的人内心常有“我是笨蛋、我是失败者”的想法。如果你误信自己的确是笨蛋，就根本不敢再尝试了。

记住：逆境中可能发生的危险只有一个——不恰当地归咎自己。你若以失败者自居，便会真的成为失败者。“你认为自己是怎样的人，就会真的成为怎样的人。”这句格言在此处同样适用。

你多半不能改变外在的环境，但你可以改变自己的态度：明天的情形或许和今天一样，但明天的我绝不是今天的我。你若改变态度，可能因此而改变整个形势。

出了差错时，不要慌，不要轻易放弃。应该仔细研究问题，像检查电子线路板上的接点一样。只要一息尚存，就有希望。

相信错误不会持续很久

小朱本来是个性格开朗的人，可自从做错了一件事之后，见人不敢抬头，开会不愿发言。他在后悔、自责中生活，一日日地戕害着自己的身心。他说“我会因这次过错，永远也冲洗不掉心中的阴影。我还能理直气壮地说话吗？我还能得到属于我的东西吗？我不敢真实地面对自己。越这样想越有障碍，被过错缠得紧紧的。”

人不能失去精神。也许你在过去曾经犯过错误，那么今天就不要再后悔了，精神被控制，是最可怕的事。你可能为过错感到遗憾，但是你需要去做得更好，这才是重要的。

“如果我那样做的话，事情就不会像现在这样发生了。”一些生意人想着昨天的生意而感叹道。而当他担心过去的时候，他可能在生意上错过了今天更大的机会。

随它去吧！它不会持久的，没有一个错误会持久的。试图抓住一些我们无法挽回的、不幸的事情，以及一些给我们带来痛苦、造成担忧和焦虑的事情，对我们是非常不利的，我们应该忘记它们，应该把它们打入历史的坟墓。不要因为担忧过去而错过了未来更好的机会。

我们经常会看到这种人，他们有很多不快，有令人沮丧的、不幸的记忆，他们的头脑中充满了消极，充满了那些让人悲伤、痛苦和感到羞耻的事，以至于他们得不到一刻的平静和快乐。

为什么让那些过失、羞耻和错误继续缠绕着你呢？难道它不是已经很大程度上加深了你的皱纹、压垮了你的肩膀吗？难道它不是已经带走了你的欢笑、带走了你生活中的乐趣，并使你前进的步伐失去了弹性吗？难道它不是已经让你伤心，使你的头发日渐稀少和日益花白，使你变得过于严肃而早衰吗？为什么还继续让它带走你体内更多的东西呢？为什么不把它从你的生活中赶走，把它从你记忆的石板上抹去，并且彻底忘记呢？为什么让你的过去来破坏你的未来呢？随它去吧！

你不断地反思和彻夜不眠，也不能减少过去事情对你造成的损失，而只会使你丧失精神和能量。如果你把这些精力和能量用在那些值得做的事情上的话，它本可以帮助你更好地完成现在的工作，以弥补过去的不足和创造更好的未来。但是，如果你在担心、焦虑和不眠的夜晚中浪费了这些精力和能量，那么你不仅什么都得不到，你还会处在一种非常不健康的状态之中。

在事业生涯的最初时期，你就应该懂得，你的生活本身要比金钱和衣食有着更为丰富的内容。对你来说，由于你的担忧而缩短了一天的时间，或者没能有效地利用一天的时间，这绝对是无益的。你不应该为过去的遗憾，而牺牲现在和未来的更多舒适和宁静。

当一个人静下心来做事的时候，他就不需要去为任何人的任何事情担心。因为这没有任何好处，却只会通过破坏思维能力，破坏心灵的安宁和精神上的和谐，对人造成无限的伤害。而思维能力、心灵的安宁和精神上的和谐对工作的效率和生活的质量来说，都是非常必要的。任何破坏大脑平静的事情，都会产生严重的后果。

通过看一个人脸上的表情，我们可以猜测他过去的遗憾和悲伤。对于这些事情，唯一应该做的就是忘记它们、埋葬它们，并且不要再让它们进入你的意识之中。你应该做的是聚集今天的每一点时间、每一点能量，以让你的未来更成功。只有这样，才能真正弥补你过去的失败。

真正起作用的并不是你失去的东西，而是那些仍然留下来的东西，它们才是生命的储备和积累。一方面，过错有可能给你带来沮丧、失望和一种完全无助的感觉，甚至使你处在一种极其糟糕的处境中；但是，另一方面，过错也有可能让你采取一种更伟大的行动，并做出坚定的努力，让你感觉到在自己下落的过程中有一种强有力的反弹，使你带着比以前更坚定的决心重新站立起来，去争取成功。如果是这样，过错对你来说就不是一件严重的或可怕的事情。事实上，它可能只是一种戴着可怕面具的福音。许多人直到遇到一场灾难，并且从中逃脱出来，才会意识到在自己体内蕴藏着的强大力量。

就像吉卜林说的："如果你看到自己为之付出一生的事情遭到了破坏，那么就请弯下身子，从头再把它们建造起来吧！"在一个人的体内，有一种任何失败和挫折都无法将其击垮的东西，一种能够克服任何失败和挫折所造成的磨难的东西。如果能意识到这一点，你就已经在自己伟大的生命中打开了新的资源宝库，你就能利用一种新的、从未被利用过的力量。

生活中的问题、抱怨、烦恼、困扰、痛苦等，都能搅乱我们的思维，使我们的心理失去平衡，破坏我们的欢乐和头脑的平静，这是多么不明智啊！

有一条箴言是这样说的："没有关系的。"那么，请记住这句话，无论发生了什么事情，就随它去吧！为什么我们要对那些我们无法阻止和改变的事情大惊小怪呢？为什么我们不能主动地面对这些打击，而是把自己搞得非常焦虑和紧张，以至于在肉体和精神上遭受双重的伤害呢？

不要对什么都抓住不放

倾诉：其实我知道老这样下去一定会吃不消的，渴望晋升的想法让我身心疲惫。我每天上班其实动机就只有一个——等待老板喊我与他谈谈。我总是想让他知道我最近的工作进展及状态。这样的功利心是不是健康的？我在怀疑。不能得到领导赏识，对我来说工作将毫无意义。可我满腔热情等来的却是失望，眼看一个个同事晋升了，而我还在原地踏步，这种感觉让我难受不已。唉，我怎样才能实现晋升，得到我需要的利益？我一直很想摆脱这种心境，可是不行，冥冥之中还是那么在意这一切。从工作以来，我脑子里装的95%的想法都是提高自己的地位。我都奇怪自己的感觉了，害怕自己太执着了。我为什么一直抓着得不到的东西不放呢？我已经陷进去了，不知要在这旋涡里挣扎多久。

在我们身边常听到抱怨生活不公平、不如意的声音，那些人总是跨不进那扇快乐之门，被抑郁、忧伤困扰。其实这只能让烦恼更进一步消耗他们的意志和自信，损害他们的健康，抱怨有百害而无一利，对改善自己的境遇毫无帮助。

在时间的流程中，我们常常审视自己的脚印。当所有的形体、色彩和声响都淡漠之际，唯有心灵的印痕更值得追忆。但你不必过多地留恋！过去的就让它过去吧，时间无暇后顾，人生总是在诀别和放弃中前行，何必总是苦苦寻觅那一串串被蒿草覆盖了的足迹、那一粒粒褪色的相思红豆、那被岁月风化了的贝壳……

《列子·周穆王》里有这么一则记载：宋国有个叫华子的人患了遗忘症，“朝取而夕忘，夕与而朝忘，在途则忘行，在室则忘坐，今不识先，后不识今”，“荡荡然不觉天地之有无”。后经一高明医生治好了病，使他把平生数十年的存亡得失、哀乐好恶都记忆起来，回到了现实的人生。但他又记得太牢，“忧忧万绪，须臾不忘”，以至怒而黜妻罚子，操戈逐人，弄得鸡犬不宁，简直成了怪物！

《世界科技译报》载文说，据精神病学家亚历山大·卢里亚对一位十分不幸的男子的科学检查，此人永远不会忘记在他大脑中所有留下印象的东西，各种信息使他窒息，大脑中充满了各种事情，以至运转混乱，根本无法看书，也不能进行合乎逻辑地思考。现代医学认为，遗忘可以减轻大脑的负担，降低细胞的消耗。在正常的情况下，人的脑细胞每天大约死亡 10 万个。但是如果受到外界的强烈刺激，大脑每天死亡的细胞就要增加几十倍。长此下去，大脑是难以承受的。因此，对身体健康来说，遗忘是绝对必要和有益的。正因为有了遗忘，才保证了必要的记忆和大脑的健康。

吐故方能纳新。只有忘掉一些旧东西，观念和知识，才能不断更新。只有善于遗忘的人，生命之树才能常青。难怪有人说：“只有遗忘点儿什么，才能记住点儿什么。”“善于遗忘的人才是一个健康的轻松的人。”

学习忘怀，把许多愤懑的往事放下，日子久了，情绪激动也就越来越少。心灵和精神的活力就可以再生，也就可以恢复原有的喜悦和自在。

不愉快的记忆，有时像影子一样，非常恼人，弄得自己焦躁不安。这时你不妨采用心理学上所谓的减敏感法。转个念头，去想想轻松愉快或有趣的经历。这种用愉快经验代替悲愁情绪，或以成功的喜悦代替失败落魄的心情，可以帮助人忘怀恼人的过去。

人不但要忘怀不愉快的往事，也要放下沾沾自喜、自鸣得意的情绪。因为那些情绪，往往使我们陷于虚妄。当我们忘了它们时，真正的活力才显现出来。从心理学的观点看，无论你惦记的是快乐的往事或悲愁憎恨，长期生活在过去的记忆世界里，就与现实生活脱节，它会严重地威胁心理健康和心智的发展。

陶铸同志说得好：“往事如烟俱忘却，心底无私天地宽。”

要学会遗忘，就要胸怀天下，淡泊名利，宁静致远。要经常进行自我心理调节，想大一点，想远一点，想开一点，从名利得失、个人恩怨中解脱出来；对已经过去的无关紧要的事物，要糊涂一点，淡化一点，宽容一点，朦胧一点，及时将这些东西从大脑仓库中“清除”出去。一个人学会了遗忘，就是一个健康的人、成熟的人，就能放下包袱，轻装上阵，精力充沛地面对现在，信心百倍地去迎接未来，就能开拓新境界，创造生命亮丽的风景线。

如何走出精神的空虚地带

报载：某航空公司接到一个男子的恐吓电话，称他在该机场候机大厅存放了一个包裹，里面有定时炸弹装置，将于两小时后自动引爆。机场工作人员立即采取行动，将所有行李物品逐一检查，并排查了所有候机乘客，以确保旅客的人身及财产安全。结果却发现是一场虚惊，机场内并没有任何危险品。

后来，在公安部门的协助下，逮捕了该男子。这位刘姓男子交代说，他没有别的动机，就是活得太空虚，闲得太无聊，想给平淡的生活制造点乐趣，于是利用联通公用电话向机场拨打了恐吓电话。就是这个小小的恶作剧，延误了数个班次航班的正常起飞，造成了不可挽回的损失。刘某也因精神空虚把自己送进了监狱。

在现实生活中，许多人精明能干，成为人人羡慕的成功人士。然而，赚了钱有了名之后，他们中的有些人却沉溺于灯红酒绿之中，醉生梦死；有些人被“白色幽灵”所俘虏，染上了毒瘾。

现在已步入一个价值多元化的时代，也是最容易让人们感受生存挫折的时代。不少人感到精神空虚，活着没意义，陷入这种“沼泽地”而无法摆脱。这种生活意义的迷失和价值观上的功利主义，会使人感到生存受到挫折，觉得活着没意思，心灵空虚，精神苦闷，这便是“生命意义缺乏症”，心理治疗学上称为“精神神经症”。它与传统心因性神经症的区别在于，其病因不是情绪方面，而是精神方面出了偏差，人性方面出了问题。

有不少人拥有常人无法比拟的物质享受，却不觉得幸福，也不觉得它有什么价值。于是便去寻找其他东西，想来弥补空虚的心灵，不少人去吸毒，用毒品来麻醉自己，过那种“飘飘欲仙”的虚幻生活，明知会毁了自己也不在乎。

精神生活的空虚，使得人们想方设法去寻找一种精神安慰剂。为此，有必要对患“生命意义缺乏症”者进行心理剖析。可以说，任何不拷问人生意义的生活，都不是真正的生活，只有追求人生的意义，生命境界才会得到升华。

已故的著名画家丰子恺说：“只有希望中的幸福，才是最纯粹、最彻底、最完全的幸福。”德国哲学家康德曾说过：“人们想要幸福，但人们想要的是值得的幸福。”为什么有些人特别是中老年人会迷失自我，患上“生命意义缺乏症”呢？从客观上说，他们面对身体的逐渐衰老，开始考虑死亡这一问题，尤其是垂暮的病人，容易产生恐惧和空虚，一切希望随着死亡而灰飞烟灭，便认为人生是一场空，最终是无意义的。因此，对待心灵空虚必须给予心理治疗。

“生命意义缺乏症”患者应该通过找到心理平衡点，认识和理解“功名利禄、逐世转移”，要远离功利主义价值观的泥潭。

无论凡人还是名人，无论庸者还是智者，一生的历史就是生活。生活，就像一棵野草或一粒石子，随处都是，到处一样，平淡而又平庸。但是，只要我们让生活有爱，平淡的生活就不会平庸，平淡的生活就会有滋有味。

让生活有爱，并不是说只让我们自己的生活有爱，而是给生活以爱。是要我们去学会热爱生活、倾情于生活，让我们的爱为生活点亮一盏灯。

第二章　坚守与放弃

做任何事情都需要坚持、坚守，不能一遇到困难就退却。不过，应该知道人接受挑战的能力是有极限的，有些东西，由于你的能力不够、条件不成熟以及机缘未至，你是得不到的，何必强求自己？强求只会带来更大的失落和痛苦。一堵南墙当前，不如绕道而行。盲目的自信是危险的，超越极限的坚守会带来痛苦与绝望，所以，要学会选择、学会放弃。

仕途不是唯一的选择

小袁当了六七年办公室主任，还是“原地踏步”，和他一起入职的，不是被提拔就是升迁了。一天，他偶然听到了一个消息：县长的儿媳妇想调到机关来。碰巧本局里正缺一个秘书，局长叫小袁物色人选。他眼前一亮：何不将县长的儿媳妇调到局里来？事情很快办成了，县长答应给他升官。可过了一个月，突然传来县长因贪污受贿被市检察院查处的消息，这无疑给了小袁当头一棒：这怎么可能，我的事情还没落实呀！接着，局长在大会上狠狠批评了小袁，说他弄虚作假，欺骗组织、欺骗领导，决定撤销他办公室主任的职务，而那个县长的儿媳因不胜任办公室工作，被调到后勤搞清洁卫生工作。这下子，小袁痛苦极了，好不容易找到一棵“大树”却倒了，而且还砸倒了自己……

受几千年封建传统的影响，“官本位”思想在许多中国人的头脑里根深蒂固，长期以来，“学而优则仕”成了人们唯一的价值观。在改革开放后市场经济大潮的冲击下，这种意识在发达地区有所削弱，更准确地说，是不再成为人们的唯一追求；而在中西部地区，这种意识依然浓重。实践证明，凡是“官本位”思想严重的地方，商品意识就比较淡漠，经济发展就比较缓慢。对于个人来说，如果读书的目的，即最好的前途是当官，那就会减少自己的人生选项。

并不是说官不能当，但要把握心理平衡点，即当官不是唯一的选择。孙中山先生曾说过：“要立志干大事，不要立志当大官。”如果把自己的人生目标定在当大官上，那永远也满足不了这个欲望。殊不知“当了宰相望王侯”，一旦丢权，很容易失意绝望。例如某地被处分的一群“赌官”，几乎全是人们心目中所谓的“虚职”。他们升不上更大的官，坐不上更有权的位子，所以失意，只有打牌了。从“官场失意”到“赌场消愁”，是什么原因呢？还不是因为心理失衡。如果他们把握了心理平衡点，就不会这样消极了。

有一种误解，似乎只有做大官，才能做大事，其实未必这样。虽然当大官是做大事的重要前提，但不是唯一前提。有的人官当了几十年，连一件像样的大事也没干成，而有些平民百姓，无权无势，却做出了惊天动地、名垂青史的大事。例如明朝的李时珍就是一位民医，他尝天下草，走万里路，九死一生，百折不挠，终于写出了流传千古的药典《本草纲目》。鲁迅先生，辞官后不再接受任何官职，却常以天下为己任，为民族解放冲锋陷阵，为“睡狮”猛醒摇旗呐喊，“吃的是草，挤出来的是奶”，成了中国文化巨匠，现代文学的第一“高峰”。

有些人做官是为了追名逐利，光宗耀祖，出人头地，他们的光阴都用在谋权上，只为自家捞好处。就说你要好好地当个清官吧，但官职毕竟有限，不是你想当就能当得上的，而干大事的机会却很多。只要努力认真地去干，各行各业都有许多事情可以实现你的人生价值。例如王永民在汉字输入方面干出了大事，袁隆平在杂交水稻领域干出了大事，陈景润在数学研究方面干出了大事，张艺谋在电影导演这一行干出了大事……

怎样找到心理平衡点呢？请记住《菜根谭》上的这句话：“平民肯种德施惠，便是无位的卿相；仕夫徒贪权市宠，竟成有爵的乞人。”无论是谁，只要肯“种德施惠”，乐于奉献，便可能做成“大事”，便是“无位的卿相”，且不受年龄地域、时间、数量的限制，多多益善。

另外，要想到自己适合不适合当官，也就是说，当官要具备一定的领导特质，才能在一个群体中产生影响力、说服力和感召力，否则，只会是个焦头烂额的官、尸位素餐的官、平庸无能的官。考量领导特质的指标至少包括：良好的视野，能战胜自我（心理调整），善于识才、养才、用才、留才，知识面、知识层次足够，具备驾驭能力，有充沛的精力、良好的德行和创新发展的欲望，果敢，渴望成功，有事业开拓能力，做事有魄力，具备榜样作用，具备敏锐的眼光、跳跃的思维、高尚的人格、健康的体魄、渊博的知识等。

可见，要想当一个真正有作为的领导是不容易的。你想要的位子得不到，莫强求；强求可能走上邪路，也可能看到别人升官而心怀不满。心理一失衡，什么事都可能发生。所以与其坚持，不如放弃，调整好自己的心态，活得快乐一点儿。

爱因斯坦说："一个人的价值，应该看他贡献什么，而不应当看他取得什么。"人生价值包括两个方面：一是个人对社会的责任和贡献，即个人的社会价值；二是社会对个人的尊重和满足，即个人的自我价值。

实现人生价值必须具备一定的客观条件，包括一定的生产力，一定的社会经济、政治、科学文化条件，生存条件，工作条件及社会各方面的支持等。易卜生给朋友白兰戴的信中说："你要有益于社会，最好的办法莫如把自己这块材料铸造成器。"所以，实现人生价值，更重要的是主观条件。不是每个人都适合当领导，不是想当领导就当得了领导，但只要你发挥主观能动性，全面提高个人素质，在自己的岗位上埋头苦干，百折不挠，并处理好人际关系，一定会在某个方面实现人生价值。

相信自己可以战胜困难

李宪应聘到一家公司后不久，老板就给了他一个项目，要他独立完成。他不敢说自己不行，可是接下任务后，心里慌乱不已。据说以前别人在试用期3个月之后才有可能独立做项目，显然他得到了老板的器重。可是他心里一点儿底都没有，甚至产生了逃避的念头。他知道这个项目对于一个新人是很难做好的。做不好怎么办？会不会让老板后悔选择了他？项目还没有进行，他就得了焦虑症，睡不好觉，吃不下饭，人一下子瘦了许多。有一天，他竟然没有来上班。老板打电话给他，他支支吾吾说自己病了，不想上班了。老板说，这个年轻人怎么了？为什么不珍惜我给他的机会？

生活中遇到困难，是再正常不过的事情了。我们每个人在任何时候都可能会遇到大大小小不同的困难，这些困难也向我们提出了不同的挑战。一个懂得心理平衡的人，就会依靠自身的优势与强项去战胜困难。正如梁启超所说："患难困苦，是磨炼人格之最高学校。"

人生如战场，试想一下，如果你身临战场，当你遇到困难和敌人时就赶紧后退，其后果如何？把事情做好，把困难解决掉，这不也是一种"作战"吗？因此，当你在自己的生活和事业中碰到困难时，一是做给别人看——要让别人知道你并不是一个懦弱的人、一个胆小鬼。即使事情失败了，你不怕困难的精神和勇气也会得到他人的赞赏；如果你顺利地克服困难，这就更加向他人证实了你的能力！如果有人出于对你的不服、怀疑、中伤、嫉妒而故意给你出些难题，当你一一解决时，你不仅解除了他人的不良心理，而且提高了自己的地位。

二是做给自己看——一个人一生中不可能一帆风顺、事事顺心如意。碰到点儿困难其实并不可怕，应该把困难当成是对自己的一种考验与磨炼。也许你不一定能解决所有的困难，但在克服困难的过程中，你在智慧、经验、心志、胸怀等各方面都会有所收获，会对你日后面对困难有很大的帮助，因为你至少学会了如何应付。如果你顺利地克服了困难，那么，在这一过程中你所累积的经验和信心将是你一生当中最可贵的财富。

1900 年 7 月，一位叫林德曼的精神病学专家独自一人划着一叶小舟驶进了波涛汹涌的大西洋，他在进行一项历史上从未有过的心理学试验，预备付出的代价是自己的生命。

林德曼博士认为，一个人只要对自己抱有信心，就能保持精神和机体的健康。当时，德国举国上下都在注视着独舟横渡大西洋的悲壮的冒险。已经先后有 100 多位勇士相继驾舟横渡大西洋，结果均遭失败，无人生还。林德曼博士认为，这些死难者不是从身体上败下阵来的，而是死于精神上的崩溃，死于恐怖和绝望。为了验证自己的观点，他不顾亲友们的反对，亲自进行了试验。

在航行中，林德曼博士遇到了难以想象的困难，多次濒临死亡，他的眼前甚至出现了幻觉，运动感也处于麻木状态，有时真有绝望之感。但只要这个念头一出来，他马上就大声地自责：“懦夫，你想重蹈覆辙，葬身此地吗？不，我一定能够成功！”生的希望支持着林德曼，最后他终于成功了。他在回顾成功的体会时说：“我从内心深处相信一定会成功，这个信念在艰难中与我自身融为一体，它充满了每一个细胞。”他的试验表明，人只要对自己不失望，充满信心，精神就不会崩溃，就可能战胜困难而存活下来，并取得成功。

可见，“绝不言退”并不只是单纯勉励自己的话，实际上，它具有很大的价值。拿破仑说：“最困难之时，就是离成功不远之日。”

如果你不相信，那就想象一种“遇难即退”的后果吧。这种人首先就会被人认为是一种庸庸碌碌、懦懦弱弱的人，没有人认为他能成就大事；而事实上也是如此，因为他闪躲、逃避，无法克服困难、提升自己，自然也只能做一些无关紧要的小事情了。

当然，克服困难也要讲究方式方法。有些困难确实很大，你肯定不可能马上解决，在这种情况下，只有采取其他更聪明的方法来解决，不能硬战死战，否则，只会让自己碰得头破血流。

因为你并未放弃解决这一困难，只是采取了一种灵活的方式。在你的心里，时时还想着这一困难，并且正想着用各种办法去解决，所以这不算退却。当你碰到困难时，可以首先评估一下：

这个困难的难度有多大？

自己的能力如何？有外力可以援助吗？

如果万一失败，自己对失败的承受力如何？

这一困难值不值得自己去克服？

“留得青山在，不怕没柴烧。”如果你评估的结果不利，那就完全可以采取缓兵之计。如果有机会获胜，而且你也应该去克服这种困难，那就要竭尽全力了。

机会稍纵即逝，如果你轻易放弃，也许会形成一种习惯，而一个人一旦养成动辄放弃的习惯，那一辈子恐怕都做不成什么大事。

心理学家从大量的观察事实中发现：在危险的情境中，经常是那些性格乐观、富有自信的人存活下来，因为他们总是能够找到心理平衡点。

对于心理效应，心理学家进行了一次广泛的调查，他们要求许多人回答题为“你有哪些希望？”的问卷。问卷分析的结果表明，抱有希望的种类（不论大小）越多的人，往往充满了自信并注意发现生活的乐趣，他们总是精神焕发，精力旺盛。而那些没有明显的或者较少希望的人则往往表现出漠然、悲观、消沉。一位富翁在试卷上只写了一句话：“我没有希望，所有的希望都已经满足了——除了长生不老之外，而这能算是希望吗？”经过调查，这位富翁患了严重的忧郁症。心理学家与他进行了接触，劝告他从事一些具体的活动，并列出分阶段的计划表，如对外孙的培养、对某个足球俱乐部的支持等。经过心理指导，经过不断的、各种各样的希望的“诞生”，这位富翁在精神上已判若两人。

怎样做才不会迷失自己

迷失者的自述：在现在的公司工作两年多了，有一种想逃的冲动。前不久，用一种无奈的状态换回了老板的青睐。我以为自己能好好地发挥了，可是新的定位依然是那么模糊。一种无奈的心态再次迸发。接着，我用一种平静的心态看待现在的人生瓶颈状态。以为自己能好好地安下心来工作，完成一个可以成就自己的项目。但这样的心态只存在了一周。我不知所措，有些迷茫。为了更好的生存环境和生活状态，我在逃离，逃离……

我不能踏实下来，感到浮躁。我已厌倦工作，厌倦现在的生活方式。我要逃离，逃得越远越好。我不希望每个月拿到这点儿仅够维持生活的月薪苟延下去。我需要新刺激，需要有人认识到我并非缺乏能力。

总是希望、幻想，这是人的心理特点。不论中外，现代人的信仰都是越来越现实——与其相信谁也看不到的东西，还不如相信实实在在的东西；于是，“如果你能让我得到什么，那么我就信你”，可希望得到的在现实中无法得到时，就会造成迷失。这种迷失并不是信仰迷失，而是心理迷失。

人生中一个最大的风险就是迷失自己，而最容易使人迷失的是两种状态：一是事情太多过于忙乱；二是无事可做、闲极无聊，幻想把自己引得很远。很多人都会面临这两种极端的状态，因而使自己无法把握自己的命运。

日本著名作家川端康成获得诺贝尔文学奖之后，因为成了名人就常被官方、民间各种人所包围，包括电视广告商纷纷拉着他去做这做那。他心慈手软，不忍拒绝，又不擅长应酬、不会推托，加上做事认真、不懂敷衍，结果陷于忙乱的俗事重围，不知如何解脱，终于以自杀了结一生。

川端康成临终前还在为筹款而忙忙碌碌，搞得心力交瘁，心情也变得十分沉重，这可能是促使他厌世自杀的一个重要原因。

人的时间和精力都是有限的，在有生之年能够把握住自己真正的志趣和才华所在，专心致志、按部就班地做下去，才可能有所成就。所以说，人要想做自己命运的主宰，不但要有魄力，而且要有心理定力。这种定力，也是促成一个人事业辉煌的重要因素。

与忙来忙去、无事也要瞎忙的人相反，有的人可能走向另一个极端，那就是整天无所事事，备感无聊，常常不知道如何打发自己的时间。

这是对自己生命和才华的另一种浪费，同样需要警惕。人生中有很多重要的事情需要去做，太累了，你会迷失自己；太闲了，你同样会迷失自己。所以你要掌握好忙与闲的关系，做到一张一弛，这样你就不会迷失自己了。

人们常常想要获得超过自己需要的东西，以此来证明自己的能力，树立自己的形象。

克伦德斯曾经是美国最胖的好莱坞影星，在一次演出时因心肌衰竭被送进了当地的急救中心。抢救人员用了最好的药，动用了最先进的设备，也没能挽回他的生命。临终前，这位影星绝望地说："我的身躯很庞大，但生命需要的仅仅是一颗心脏！"

影星的话深深地触动了该院的院长，作为胸外科专家，他流泪了。为了表达对影星的敬意，也是为了提醒体重超常的人，他让人把克伦德斯的遗言刻在了医院的大楼上。

后来一位叫默尔的美国人也因心肌衰竭住进了医院，他是一位石油大亨，两伊战争使他在美洲的10家公司陷入危机，为了摆脱困境，他不停地往来于欧美之间，最后旧病复发，不得不住院。不同的是，默尔的心脏手术很成功，然而更让人想不到的是，出院后，他并没有回美国的家，而是把自己的公司卖掉，回到了苏格兰乡下的别墅。当有人问他为什么要这样做时，他说，富裕和肥胖没有什么两样，只不过是获得了超过自己需要的东西罢了。

如何学会放弃与忘却

倾诉者：曾经以为放弃也许是美丽的，可是现在我才知道那是错的，那样是痛苦的，是难过的。他的离开让我知道我不能没有他，在病床前如果不是我放开他的手，也许他就不会离我远去。但是我还是放开了手，他也离去了。在他的葬礼上，我哭了，也许我是不该哭的，因为他告诉我，我的哭会让他更加的难受，他会担心我的。可是我还是哭了，因为我疼，我的心在淌血。

人生总是有得有失，在面临危险和困境时，放弃是真正的勇气，也是一种大智慧。

从前，有位商人狄利斯和他的儿子一起出海旅行。他们随身带上了满满一箱子珠宝，准备在旅途中卖掉，但是没有向任何人透露这一秘密。一天，狄利斯偶然听到了水手们的交头接耳。原来，他们已经发现了他的珠宝，并且正在策划谋害他们父子俩，以掠夺这些珠宝。

狄利斯吓得要命，他在自己的小屋里踱来踱去，试图想出个摆脱困境的办法。儿子问他出了什么事情，狄利斯于是把听到的全告诉了他。

“同他们拼了！”儿子断然道。

“不，”狄利斯回答说，“他们会制服我们的！”

“那把珠宝交给他们？”

“也不行，他们还是会杀人灭口的。”

过了一会儿，狄利斯怒气冲冲地冲上了甲板，“你这个笨蛋儿子！”他叫喊道，“你从来不听我的忠告！”

“老头子。”儿子叫喊着回答，“你说不出一句值得我听进去的话！”

当父子俩开始互相谩骂的时候，水手们好奇地聚集到他们周围。狄利斯突然冲向小屋，拖出了他的珠宝箱。“忘恩负义的小子！”狄利斯尖叫道，“我宁肯死于贫困也不会让你继承我的财产的！”

说完这些话，他打开了珠宝箱，水手们看到这么多的珠宝时都倒吸了口凉气。狄利斯又冲向了栏杆，在别人阻拦他之前将他的宝物全都投入了大海。

过了一会儿，狄利斯父子俩都目不转睛地注视着那只空箱子，然后两人躺倒一起，为他们所干的事而哭泣不止。后来，当他们单独一起待在小屋时，狄利斯说：“我们只能这样做，孩子，再没有其他的办法可以救我们的命！”

“是的，”儿子回答道，“您这个法子是最好的了。”

轮船驶进码头后，狄利斯同他的儿子匆匆忙忙地赶到城市的地方法官那里。他们指控水手们犯了企图谋杀罪，法官逮捕了那些水手。法官问水手们是否看到狄利斯把他的珠宝投入大海，水手们都一致说看到过。法官于是判决他们都有罪。法官问道：“什么人会弃掉他一生的积蓄而不顾呢，只有当他面临生命的危险时才会这样去做吧？”水手们只得赔偿了狄利斯的珠宝。

放弃是一种智慧，忘却同样也是一种智慧。

忘却，在我们的日常生活中是一件极为常见的事情，同时也是一件非常重要的事情。人生在世不可能万事都顺利。因此，每个人都会有紧张、挫折乃至失败的时候，这样渐渐就形成了情绪。如果总是处理不好情绪，必然会给人们的生活带来负面影响。

为了提高我们的生活质量、调整和改善精神状态，我们必须学会忘却。心理学家柏格森说："脑子的作用不仅仅是帮助我们记忆，而且帮助我们忘却。"其用意就在于提醒人们，要不停地对自己不健康的情绪进行清理和调整。

一个聪明的人是不会为自己的情绪所困扰的，他通常能够把恼人的往事放在一边，而让愉快的心情时时陪伴着自己。实际上人们也只有这样，才会有旺盛的精力与体力去学习、工作、生活。

然而，忘却毕竟不是一件轻而易举的事情。尤其是忘却悲伤、惨痛、屈辱之类的往事，更是不容易办到。因为，它们是你的痛、你的悔，是划在你心灵上的一道淌血的伤痕。不过，假如你不忘却它们，自己的灵魂就会被它们一点一点地腐蚀。既然如此，我们为什么不"潇洒走一回"呢？

在现实生活中，人们不单要忘却不愉快的往事，也要学会放得下那些令自己感觉得意和沾沾自喜的往事。这些事情对于不能够有效地控制自己情绪的人来说，是很容易陷入虚妄的。当你一旦忘却了它们，你的人生观、价值观就会减少偏差，你生命中真正的祥和会显现出来。从心理学的角度看，无论是令你无法释怀而快乐的往事，还是悲伤与憎恨，都会使你与现实生活脱节，以至于严重威胁你的心理健康和心智的发展。

记住的并非都是应该记住的，而忘记的大都有值得忘记的理由。你有没有试过想忘记一段感情、一个人，却只有依靠时间的流逝冲淡记忆；有没有试过忘记当初的浪漫和誓言，而在平淡的生活中寻找一些平淡的快乐；有没有试过忘记年轻时的癫狂，忘记独身的快乐而背负诸多的责任？

我们常常抱怨自己太容易忘却，其实，过目成诵、博闻强记固然好，但忘却不见得绝对不好。生活中有许多痛苦、尴尬、恩怨，就是因为我们会忘却，这些对身心有害的东西才会渐渐地被冲淡，渐渐地使我们脱离了受过的苦痛，这样我们才能拥有快乐和幸福。

我们从小就“记吃不记打”，保持这点儿不泯的童心就可以忘掉个人的恩怨。但有时又受到责备：“你好了伤疤忘了疼呀！”我们应该这么回答：“该忘却时就忘却，难道要记一辈子？”这是一种智者的声音，假若生命没有这样的自卫本能，如何正常地生活？世上还会有勇敢、快乐和幸福吗？一个人如果把所有的事情统统记住，那么，不累死才怪！

正常的忘却是人类的生理与心理所必需的。有医疗个案表明，一个人如果记忆出现异常，凡是经历过的事都不会忘记，那么他每天的活动都会充满混乱。再说，人有旦夕祸福，古往今来，天灾人祸，留下多少伤痛，如果一一记住这些疼痛，人类早就失去了生存的勇气。没有“忘记”的生存，是痛苦的生存。要活下去，就不能记得太多。忘却，在某些时候是值得赞赏推崇的，人类是在忘却中前进的。

如何从落榜的阴影中走出来

一位事业有成的男士，一谈起他高考落榜那段日子，还心有余悸。当年他迷迷糊糊的，一会儿想做一名与世无争的隐士，梦想通过潜心的修炼来改变或者脱离这个世界，连日记中也净是自撰的厌世诗歌和散文；一会儿又潜心钻研如何自杀，并设计了多种无痛死去的方式。现在想来，还真要感谢当时没有走上这条路，否则就不会有现在的事业了。原来，有一天，他偶然听到了大学生求职难的报道，于是想，上完大学也无非是找工作，不如现在就去找一份工作。他从困境走出来后，开始了自己的打工生活，接着自己创立了一家公司。

每年“落榜”两字像巨石一样无情地砸向一部分高考青年。我们看到，自杀、离家出走这样的家庭和社会悲剧年复一年地上演着。如何平静地面对落榜，是横亘在考生与家长面前的一道绕不过的坎，也是全社会必须关注的一个问题。

随着大学办学规模的扩大，高中生的升学率将会逐年大幅度增加，因而高考的落榜者也会逐年减少，但总会有一些人成为落榜者。即使所有的高中生都能上大学，大学还存在着差距，不可能所有的人都能到最好的大学去。既然成功与失败是并列的客观存在，你选择了求学的路就仿佛运动健儿选择了当运动员一样，既要志在成功，又要敢于面对失败。

学生对高考失败的恐惧，可能与学生本人的价值观念也有关系。有的学生一直认为，如果考不上大学，上高中的钱就白花了。其实这种认识是错误的。你毕竟读了 10 多年书，具有较坚实的知识基础和较强的自学能力。无论是参加自学考试，还是进行其他形式的深造，都具有发掘的潜力。

高考早已不是求学深造的独木桥了。“榜上无名，脚下有路”。条条大路通罗马，成才的立交桥架在每一个考生面前。今年考不上，你可以再加把劲，以待来年东山再起。上不了普通高校，你可以上成教、电大、夜大，可以通过自考、函授、网络接受高等教育。这并不是阿 Q 式的自我安慰，而是实实在在可以把握的心理平衡点。倒是落了榜又落了志，妄自菲薄，一蹶不振，从此偃旗息鼓，那才是真正地输了，而且输得很惨。

1975年，比尔·盖茨20岁，是个在哈佛读大学的学生，也不是什么科学家，他和22岁的保罗·艾伦放弃读大学，来到阿尔伯克基市开了一家小公司，开始为微电脑开发软件，这就是日后闻名世界的“微软”。

1977年，推出苹果II型电脑的苹果公司老总乔布斯，更不是科学家，他是一个刚上大学就被“劝说”退学的社会青年。正是他，成为美国新经济时代第一个亿万富翁。

几乎可以说，是美国一批原本无名、也没有高学历的青年，成为美国计算机时代的风云人物。这些连大学都没读或者没读完的青年成功者，不是一般的成功，他们无可置疑地成为创造美国新经济时代的先锋。他们的出现，对美国的精英教育是一种实实在在的挑战。

一个人成功与否，关键在于他是不是能为自己创造可能通往成功的机会，高考是机会，但绝对不是唯一的机会。清华食堂一位馒头师傅，原来只有高中学历，通过艰苦的自学，托福考了630多分，现在已经获得了本科学位，被清华学子尊称为“馒头神”。

钱钟书如果参加高考，是考不上的，因为他的数学成绩特别糟；陈丹青如果参加高考，英语将严重地拖他的后腿；邓建军如果参加高考，那就不会中专毕业了，那就没可能有400多项技改。例子实在太多，再举一个，那就是韩国总统卢武铉，他只有高中学历。

“即使不成功，也不至于一片空白。”请记住台湾作家三毛这句话。

对于不以灭亡为代价的失败者来说，只有失败的事，没有失败的人；对于强者来说，只有一时一事的失败，不会有一生一世的失败。有时所谓的成功并不能带给你真正需要的结果；有些成功并不适合你。

佛家说：“莫执着。”因为你努力想得到的，也许不是你想要的。这如果作为高考落榜者的心理平衡点，将会帮你极快地从失败的阴影中走出来。

人们面对困境，情绪懊丧，怎么从不良情绪中摆脱出来呢？有一种方法，就是从相反的方向思考问题，常常能使人的心理和情绪发生良性变化，得出完全相反的结论。心理学上把这种运用心理调节的过程称之为“反向心理调节法”，它常常能使人战胜沮丧，从不良情绪中解脱出来。

俄国作家契诃夫曾这样说：“要是火柴在你口袋里燃烧起来了，那你应该高兴，而且感谢上苍，多亏你的口袋不是火药库；要是你的手指扎了一根刺，那你应该高兴，挺好，多亏这根刺不是扎在眼睛里。以此类推……照我的劝告去做吧，你的生活就会欢乐无穷。”当我们遇到困难、挫折、逆境、厄运的时候，运用一下“反向心理调节”，就能使自己从困难中奋起，从逆境中解脱，进入洒脱通达的境界。

消除角色冲突带来的苦恼

金先生说：“我的角色变来变去，自己的想法也会随着角色的要求跟着改变。正如我在公司里被任命某种职务后，为了工作的需要，必须尽量使自己的能力、行为、思考方式都符合该职务的要求。例如对待同事，往往不能再和以前一样，彼此有同伙意识。我很不习惯，觉得人不是为自己活着，对一些人说这种话，对另一些人说另一种话，语言系统是不一样的，要善于变换。一旦搞错了，就会出洋相，甚至会受领导批评。为了扮演好不同的角色，我每天保持高度的紧张，心理失去了平衡。”

在社会心理学当中，“角色”是指与某一特殊位置有关联的行为模式，或者是说“角色”代表着一套有关行为的社会标准。

每一个人的自我认识都会有一些盲目性，也就是说有时会高估或低估自己，对自己的认识和实际情况不相符。另一种对盲目性的理解也可以是这样的，没有“发现自己”。所谓“发现自己”是指对自己的兴趣爱好、自己的特殊才能、自己真正的需要、自己的价值等有了了解，有着清楚的认识。一般情况下，当一个人“想象的我”和“实际的我”保持一致时，他的工作效率会较高，对生活的态度也会变得积极。当两者不一致时，遇到的烦恼会很多，工作效率会较低。

有一个大学财会班的女学生，她喜欢唱歌、跳舞，喜欢小孩子。她一直希望能成为幼儿园的老师。所以，她对所学的财会专业并不感兴趣，成绩平平。在三年级第一学期时，她发现她的幼师梦可能永远也没办法实现了，这才开始认真地学习起专业课程，特别是财务管理这门课。这一学期她的成绩排名猛升，财务管理科目进入了班上前三名。

进入人所扮演的角色与人的心理健康密切相关。当个人成功地扮演了他（她）的各种角色时，就既满足了社会的期望，同时也满足了个人的需求，所以他（她）能过着正常的生活。反之，那些不能胜任各种角色的人，很可能在不同的生活处境中遇到困难，其中经常碰到的就是不能适应角色冲突带来的麻烦。

角色冲突是个人紧张的一个源泉，因为角色冲突常常会导致“角色超负荷”。研究证明，体验到角色超负荷的人会心率加速、胆固醇增高。美国社会心理学家米德把这种现象称之为“角色紧张”。“角色紧张”对社会及个体的身心健康都非常有害。

要消除角色冲突对人的心理造成的不利影响，就要加强个体扮演各种“角色”的协调能力。协调能力强的人，由于他们处理和协调各种不和谐的角色要求的本领很强，因而产生角色冲突的可能性就越少。有人研究发现，善于处理好各种角色要求的妇女，其心理较为健康。这些妇女既是好职员，又是好妻子、好母亲，这在于她们有一种能把角色要求的彼此冲突转化为相互促进的能力。实际上，一份有意义的工作，可使为孩子忙得焦头烂额的母亲消除心理的紧张与压力。同样，母子、夫妻关系良好的女性，心理压力自然会较小，使得她能更好地胜任本职工作。

当然，有些角色冲突是难以调和的，此时个体自身的协调作用是无能为力的。在这种情况下，个人应该明智地从过多的角色中解脱出来，把时间和精力用在自身更有价值、更能胜任的角色上来。

一个人的发展高度，决定于自我开放、自我表现的程度。扮演不同的角色，能使人的思维能力和生活机能逐步提高并得到完善；自我角色交递，能使人的思想观念保持新陈代谢，能丰富人的情感，维护人的心理健康。

克服角色冲突带来的苦恼，就要把自己向社会开放。既要了解他人，又要让他人了解自己，在角色交往中确认自己的价值，实现人生的目标，成为生活的强者。

怎样的决定才是无怨无悔的

公司效益滑坡，许多人都选择了离开，小方被另一家公司人力资源部看中了，对方向他伸出了橄榄枝，可是他又舍不得离开现在的公司，因为在这里他有比别人好得多的待遇，老板待他为心腹。公司一有困难就跳槽，是不是太不仁不义了？朋友说：“什么不仁不义？鸟向亮处飞，人往高处走。在经济社会，没有钱就无法生存，还是另谋高就吧。”他犹豫着，陷入了不知是离开好还是留下好的两难困境。

“郁闷”渐渐侵蚀了小方的心灵。他变得焦虑，变得左右为难。一个曾经天塌下来也是不紧不慢的他，变得没主见。他开始静不下心，一件事尚未做完，却已经筹划着另一件事。仿佛走到了一个有着无穷可能的路口。在他的四周，布满了黑漆漆的路，他无法决定自己的下一步。

人的一生中有许多决定要做。有的时候做决定并不是一件容易的事，因为要受到心理定式的影响。

定式存在于各种心理活动之中，例如人们可以根据以往生活的经验定式，较好地进行常规的工作与学习。但有些人却在社会中表现出另外一种心态，即对已经是很熟悉的情况或人反而变得很不熟悉了。这种情况叫做“定式错位”。

以下的一些情境下，你会做出怎样的决定呢？

⊙你想在大学毕业后再读研究生深造，但你的家境极其困难，使你无法如愿。这时，你的一位亲戚愿意资助你，可你有了充足的理由怀疑他的钱来路不正。你会接受他的资助吗？

⊙在填写工作申请表时，需要填上你所患过的严重疾病。你三年前得过肝炎，而你知道你申请的工作需要健康的身体。你会把病史填上去吗？

⊙你很饥渴，饱受煎熬，并且身无分文。在这样的情况下，你会偷食物吗？

⊙你对你老板的为人很反感。你会因为他掌握着提升你职位和薪资的权力而去亲近他吗？

⊙你拾到一个内有2000元的皮夹子。当你将它交给失主时，他拿出200元酬谢你，你接受吗？

⊙你在一家银行工作，你的一位同事因为你的过错而受到领导的严厉批评和处罚，并且没有人能查出这错误是你造成的。你会自觉坦白吗？

⊙你的好友向你介绍了他（她）的恋爱对象。你发现你和他（她）的对象谈得很投机，两人一下子建立起了某种强烈的感情。你会把自己的这种感情压抑下去吗？

⊙你觉得你的恋爱对象与你不般配，准备与他（她）分手。但他（她）很明确地表示，一旦你离开他（她）就自杀。你准备重新考虑你的决定吗？

⊙你很爱你的恋人，但你父母却极力反对，并以断绝亲子关系作为“最后通牒”。在这种情况下，你会向父母妥协吗？

⊙在闲聊时，许多人说一个不在场的同学的坏话，那些话都违背事实。你与那个同学并没有什么特殊的交情。你会站出来为那个同学说几句吗？

如果在生活中真的遇到这样的情境，你会为此而烦恼吗？

心理学家认为，一个人对事的观念和态度是很重要的，它能决定一个人的行为，决定他做些什么、以怎样的方式做。在心理治疗方法中有一个很重要的“理性情绪疗法”。它的理论核心是一种被称为“A B C理论”的人格理论：A是指某一事件，B是指信念，C是指个体的情绪反应结果。

“理性情绪疗法”的代表人物艾里斯认为，生活中的事件本身并不会直接引起个体的情绪或行为反应，而个体对这一事件的态度和理念才会引发最终的反应。所以，不同的人由于个人的观念不同，会对同一事件有不同的情绪和行为反应。比如一个人在离婚后感到沮丧，这不是离婚这件事本身引起的，而是这个人对离婚的认知引起的。如果他（她）认为离婚意味着自己失败、被拒绝，他（她）必会情绪低落；如果他（她）认为离婚也许意味着摆脱原有婚姻的噩梦，拥有一个新的开始，那么他（她）的情绪就会好很多。

一个人的情绪困扰大部分是非理性思考下的产物，而非理性的思考往往要求这个世界“应该”“必须”“最好”如何如何。一旦自己的预期落空，就心态不好，情绪恶劣。要想摆脱心理困扰，应该重点处理那些引发负面情绪的非理性观念，并努力将不实际、不成熟、命令式和绝对性的思考方式转成实际、成熟、合乎逻辑和讲求证据的思考和行为方式。只有这样，才能在生活中对各种情境有适当的情绪反应。

在心理学中一般将个体的观念和态度称为“价值观”，价值观的取舍往往决定于心理平衡点。价值观像一把尺、一杆秤，当你需要决定何去何从的时候，帮助你抉择。

有的人认为通过勤劳努力获得成功太麻烦、太辛苦了，所以他决定靠坑蒙拐骗过日子，最后却失手进了班房；有的人认为只有自己劳动得来的成果才让人心安理得，所以他不会好逸恶劳，只会脚踏实地地打拼。心理平衡点把握不好，你将付出很大的代价。

平时在你的每一个行为反应背后都是有理由的，是不是？这些理由就是你的观念、你的价值观，它们帮助你选择“这么做”而不是“那么做”。

在为人生奋斗，做着一个又一个决定的时候，你都必须停一下，检视一下自己的价值观，看看我们的价值观究竟如何，看看自己究竟拥有一些怎样的思想武器，这些武器是不是能让你在人生的战场上幸存下来乃至成为一个胜利者？

白领男人如何逃出“高压锅”

沈先生的精明强干是出了名的，在多家公司跳来跳去，营销、市场策划、企业经理人培训等，什么前卫做什么，不论在哪家公司，都是创意频频，勤奋执着，一年365天，他要工作360天。他说：“我喜欢工作，不工作就活不下去。我的价值就是用工作成就来体现的。”

的确，他的付出换来了丰厚的物质回报，宽敞的公寓，豪华的轿车，貌美的妻子，名贵的宠物；可这种付出也断送了他诸多的业余爱好，足球、羽毛球、游泳、围棋、摄影、爬山……“家”对于他来说，已经成了旅馆。日夜陪伴他的除了工作还是工作，跟穿上了红舞鞋似的，他怎么也停不下来了。

坚守与放弃的关系，让很多人不知如何处理。存款、花园别墅、豪华小车、社会名望等，这些诱人的东西，让人向往而拼命地追求，可由于自身的条件等因素而得不到或不可去占有，却仍执迷不悟、不愿放弃，对自己的身心健康造成了巨大的伤害。据有关资料统计，人类死亡率高的疾病，如心脏病、高血压、糖尿病、肝病及其他免疫功能下降的疾病都与压力有关。白领男人是得这些病的高危人群，这不仅与现代社会的快节奏有关，更与现代生活方式对他们的心理健康形成强大的冲击有关，而主观上是他们不善于处理坚守与放弃的关系，找不到心理平衡点所致。

第一种，工作狂。许多事业心强的白领人士常突破生理、心理承受的极限拼命工作，努力追求高效率、高效益。而长时间超生命极限的付出，给他们带来巨大的心理压力。如有一位年届不惑的中年人，原来在一个相对比较安定的岗位工作。后来，他跳槽到某公司担任部门主管，成了白领人士。他深感压力之大和竞争之激烈，只要稍有不慎，就有遭遇淘汰的危险，从此不得不加班加点，夜以继日地工作。由于社会地位的改变，他对自己的期望值也高了起来。可是事与愿违，现在他经常失眠、做噩梦、记忆力开始下降，心情变得烦躁不安，动辄发火，有时甚至什么事也不想做，似乎已经心力交瘁。这种状况不但使他原先的学习、工作效率大幅度下降，而且带来更大的心理压力，导致恶性循环。

第二种，难耐高压者。白领男人都有为出人头地而奋斗的心理，绝对相信自己的力量能超过他人，能把企业经营得很出色。然而，在每一个人的一生中，总是会遭受许许多多的不如意，并不是每个人都具备足够的解决能力，因而会产生“失落感”。此时，他们往往以极端的举动（孤注一掷的拼斗或自杀）来证实自己所谓的刚强。事业的压力对白领男人危害最大。另外，经营上的冲突、同事之间的矛盾都可以产生压力。当不堪忍受这种超负荷的精神压力时，自己往往就不能把握自己而失去自控力。

第三种，家庭陷入危机者。由于社会以及家庭成员之间的价值取舍、感情疏离都可能引发家庭危机。即使在没有冲突的情况下，压力也会通过家庭降临到你头上。家庭危机使许多白领男人终日郁郁寡欢、闷闷不乐，有时又心情焦躁、心烦意乱。

第四种，贪欲过高者。人们对事业、名利、地位、信念、财富的追求有各自的标准，而往往由于各种因素，与自己的愿望有很大出入，如果对金钱、财富之类心存过高欲望，那就是贪心，产生一种与正常生理机能不协调的节拍，就会伤脑、伤心、伤体。

减轻心理压力可从以下几方面做起：

一、放慢一下工作速度，合理地安排作息时间，保证充足的睡眠。

二、正确地评价自己。面对压力要有心理准备。

三、处理好事业与家庭的关系。

四、注意培养良好的心态。与人为善，大事清楚、小事糊涂。

五、丰富个人业余生活，发展个人爱好。

如何消除自我怀疑心理

一个合同制编辑获得了非常好的工作业绩，在受到表彰的那一天，却突然晕了过去。是激动吗？不是，是他无法面对接下来的生活道路。路怎么走，他怀疑起自己的能力。

“我是个合同制编辑，我稍稍停下来，就可能被报社解除合同。尽管我已经干得不错，但我从来没停止过对自己能力的怀疑，因为我所做的每件事都有可能将我引向错误。我时常问自己：我这个小角色在人才济济的报社到底能走多远？”他对心理医生敞开了自己的心扉，“每当要走下一步时我就会怀疑自己，不仅在上班，在其他场合也会思考相同的问题，自我怀疑已经成为我日常生活的一部分，不知道什么时候该停止怀疑自己。”

需要坚守的时候，你绝不能放弃。有时你只差半步就成功了，这就要你提高自己的意志力和心理承受能力。另外自我评价当是积极的。当一个人处于较低的地位时，很容易对自己评价过低；当他认为“我不行”时，那么他就真的会一事无成。所以，必须突破“我不行”这种心理障碍，首先假设自己能行，然后去积极尝试，你会发现自己真的能行。

一天，几个白人小孩在公园里玩，一位卖氢气球的老人推着货车走了过来。白人小孩子立刻围拢过来，每人买了一个，然后高举着气球，兴高采烈地在草地上互相追逐着，跑开了。

这时，公园角落里有一个黑人小孩，他羡慕地望着白人小孩，却不敢过去和他们一起玩。白人小孩的身影消失后，他才怯生生地走到老人的货车旁，低声恳求道：“您可以卖一个气球给我吗？”

老人用慈祥的目光打量了一下他，温和地说：“当然可以。你要一个什么颜色的？”

小孩子鼓起勇气说："我要黑色的。"

老人惊诧地看着孩子，给了他一个黑色的氢气球。

小孩开心地拿过气球，小手一松，黑气球在微风中冉冉升起，在蓝天绿地的映衬下形成了一道别致的风景。

老人眯着眼睛看着气球上升，用手轻轻地拍了拍小孩的后脑勺，说："记住，气球能不能升起，不是因为它的颜色、形状，而是因为气球内充满的氢气。一个人的成败不是因为种族、出身，关键是你的心中有没有自信。"

老人的话使小男孩深受鼓舞，他开始摆脱对肤色的自卑，勇于追求自己的梦想。多年后，这个小男孩成了美国著名的心理医生，他就是赫赫有名的基恩博士。

很多人总是把外部条件看得很重要，而忽略了成功的内因——自信心和进取心。自信心能告诉你"我能行"；进取心却能激励你向所有人证明"我能行"。

立志成大事的人，在处世中要把握心理平衡点，相信自己，热爱自己。拿破仑·希尔告诉人们："只要有信心，你就可以移动一座山。"只要相信自己能成功，并努力去证明自己，你一定会赢得成功。

在西点军校的学子眼中，真正的英雄不一定是那些鼎鼎大名、做出惊天动地事业的人，有些默默无闻，甚至连名字都没有留下的人，也常常是他们的楷模。拿破仑手下的一名小鼓手就是一个生动的例子。

那是在马林果战役的前夕，拿破仑坐在营帐里，凝视着面前摊开的一张意大利地图。他把 4 枚钉子按在地图上，一边挪动钉子，一边思考着。过了一会儿，他自言自语地说："现在一切都好了，我要在这里抓住他！"

"抓住谁？"身旁的一个军官问道。

“墨拉斯，奥地利的老狐狸。他要从热那亚回来，路过都灵，回攻亚历山大里亚。我要渡过波河，在塞尔维亚平原迎战他，就在这儿打败他。”拿破仑的手指向马林果。

但是，马林果战役打响后，法军受到敌军强有力的抵抗，竟只剩招架之功，拿破仑精心筹措的胜利眼看要成为泡影。

正在法军败退之际，拿破仑手下的将领德撒带着大队骑兵驰过田野，停在拿破仑站着的山坡附近。队伍中有一个小鼓手，他是德撒在巴黎街头收留的流浪儿，在埃及和奥国战役中一直在法军中作战。

当军队站住时，拿破仑朝小鼓手喊道："击退兵鼓。”这个孩子却没有动。

“小流浪汉，击退兵鼓！”孩子拿着鼓槌向前走了几步，大声说道："啊，大人，我不知道怎么击退兵鼓，德撒从来没有教过我。但是我会敲进军鼓，是的，我可以敲进军鼓，敲得让死人都排起队来。我在金字塔敲过它，在泰泊河敲过它，在罗地桥又敲过它。啊，大人，在这里我可以也敲进军鼓吗？”

拿破仑无可奈何地转向德撒："我们要打败仗了，现在可怎么办呢？”

“怎么办？打败他们！要赢得胜利还来得及。来，小鼓手，敲进军鼓，像在泰泊河和罗地桥一样敲吧！”不一会儿，队伍随着德撒的剑光，跟着小鼓手猛烈的鼓声，向奥地利军队横扫而去，他们不惜流血牺牲，把敌人打得一退再退。德撒在敌人的第一排子弹中就倒下了，但是队伍并没有动摇。当炮火消散时，人们看到那小流浪儿走在队伍最前面，笔直地前进，仍旧敲着激昂的进军鼓。他越过死人和伤员，越过营垒和战壕。他的脚步从容不迫，鼓声激越有力，他以自己勇敢无畏的精神开辟了胜利的道路。

要正确面对社会现实，要正确看待自己。怀疑自己身份、地位不如别人的时候，如果能静下心来，把眼光放长远一些，你就会发现，生活实际上是一场马拉松比赛，就算你的位置不如别人，在以后还有很多机会去赶超对手。在这样的比赛中，实力、耐力和毅力比机遇更重要，不能因为起跑慢了就轻易地退出比赛。

第三章　完美与不足

对自己要了解，尤其应该明白自己某些方面存在不足，有些东西是人力无法改变的。为了避免挫折感，应该把目标和要求定在自己能力范围之内，懂得欣赏自己已取得的成就，心情自然就会舒畅。

不要把自己的期望值定得太高

一个男人的倾诉：我现在对自己很不满意，生活中一些美好的想法总是难以实现。我要做一个“上进人”，愿意为此勤奋工作，可是当看到自己无法得到想得到的东西，感到非常苦恼，还有点空虚的感觉。不是说，压力下会产生强大动力吗？于是我在开始做一件事的时候，就给自己定一个很高很远的目标，每天都辛劳地为这个目标去努力，可那目标总是可望而不可及，长久下来，从心理上自己会觉得自己无用，觉得在别人眼里很难做人。我所需要的那种被人认可的得意生活离我很远。这样，我生活的信心没了，工作的激情更是一天不如一天。见别人活得风光，实现着一个个人生的理想和目标时，我的悲观的情绪占据了上风。为何自己总是不能如意地生活着？我很颓废，很难过。

现实生活中，有些人看到周围许多人比自己生活得好，再看看自己，产生落差感，继而困惑。为什么别人总是比我成功？为什么只有我一个人总是在原地踏步？再问问自己：给自己定下合理的目标了吗？

目标的落空，是很容易首先让自己心理失去平衡的，因为在不平衡的心理状态下，人自然就会跌入对自己否定的境地。如果开始的时候，给自己定一个小小的目标，不需过多的努力就可以完成，在有了一点点的成就感的时候，不要骄傲，马上给自己定一个再高一点儿的目标，努力后又顺利完成，再继续定下一个……如此反复下来，你会觉得自己在不断地进步，不断地向前发展，心里也不会再对自己有看法，最终你还是会达到你预想的结果。

有一个登珠穆朗玛峰的运动员，他登顶是经过了10多年努力才成功的。开始他想，能达到半山腰就好了，就感到满足了。他一次次向上攀登，终于到了半山腰，看看自己脚下，兴奋不已，不敢相信自己已经到了半山腰，然后想，我既然能到半山，还能不能再向上呢？看看上面，鼓励自己继续向上走，最终他到达了山顶！所以，凡事都不要心急，不要在开始的时候就定太高的目标。

来看哈佛商学院的一项调查：在接受调查的年轻人中，有27%是没有目标的，他们总是生活在社会的最底层，对生活中不如意的抱怨很多；60%对目标的认识很模糊，他们总是生活在社会中下层，但算是安稳度日；10%有清晰的短期目标，生活在社会中上层，而且呈稳步上升趋势；最后的3%，他们有着短期和长期的生活目标，属于顶尖成功人士。这就是说你选择什么样的目标就会有什么样的成就，也会有什么样的人生！今天的生活状态就是你过去的目标！

你属于哪个层次中的呢？

美国潜能大师伯恩崔西说："成功就等于目标，其他一切都是这句话的注解！"

可以量化、能够实现、注重结果、有时间期限。如果你的目标同时具备了这几点，就说明这个目标是有效的。

当我们知道了目标的重要性而且制定出一个有效的目标之后，接下来就该看看自己对目标的期望强度了，当然，不同的期望强度会有不同的表现特征，也会得到不同的结果。

每个人的期望强度不同，心理状态也不一样。有的人对某种东西真的不想要；另一种人是找借口不想要，但真实原因是不敢想，不知为什么要，害怕付出和失败，害怕做不到别人会笑话。不想要的结果是得不到！

有种人喜欢空想，整天做白日梦，光说不做，不愿付出，不知从何开始，连自己都不敢相信自己的想法会变为事实。

有种人对某种东西的态度是有最好、没有也罢，努力争取一段时间之后便会放弃，凡事 3 分钟热度，碰到困难就退缩，成天幻想着不付出就能得到，这种人十有八九不成功！

有种人决心不够，尤其是改变自己的决心不够，等待机遇，靠运气成功，即使得不到也不会转而安慰自己：曾经努力过，也算对得起自己，马上再换另一个目标。这一类人很想要，有可能成功，因为运气而成功，也因为运气而失败！

有种人潜意识中那一丝放弃的念头，决定他关键时刻不能排除万难，坚持到底，直到成功；对他而言，也许付出 100%的努力比达不到目标更为痛苦，其实第 99 步放弃与成功之间的差别不是 1%，而是 100%！

明确了方向，了解了自己的行为目的，知道什么是最重要的事情，然后朝着这个方向去努力。在某一个阶段静下来评估一下新的进展，或是检讨自己的效率。因为能“看”到结果，所以保持信心与激情全身心地投入！这样还有什么能阻挡你成功的步伐呢？

有些人把梦想、幻想当作目标；有些人定的不是自己的目标，而是他人的目标；有些人定目标非常随意，今天情绪好，定一个目标，过一段时间情绪不好，就另外定一个目标；有人定目标受环境的影响，不断地改动。

目标的定义是：人的生命历程当中要求达到的境地和境界。所谓的境地是物质层面的，境界是精神层面的。

想当个富有的人，这不是目标。有多少钱可以称为富有？你用多长时间达到这一目标？我们人类很早以来就想登上月球，这只是梦想。美国总统肯尼迪在 20 世纪 50 年代提出来美国要在 10 年内登上月球，这就是目标。因为它可计量。当时肯尼迪提出来之后，人们认为是说大话。肯尼迪在目标确定之后，调动各方面的资源，提前14个月让美国宇航员登上了月球。

目标定得太大，会感到恐惧、痛苦；太小了，太容易实现，会觉得没意思。有人说我要当美国总统，什么条件都不具备，这是妄想。

不可小看了自己

经营酒店的小陈，2003年真的很不走运，年初人气颇旺的生意被从天而降的SARS搅了局；跟随自己很久又贴心的下属无情又无理地反目了。在挫折中，小陈感到自己在别人眼里是个很糟糕的人。于是，她开始放弃与他人交往的机会，即使在与他人交往的时候也总是心怀戒备，害怕不被人接受。当巨大的压力一波又一波袭来的时候，小陈喜欢躲在影碟的虚拟世界里，借着看剧中人物的悲欢离合来梳理自己的情绪、平复动荡的心境。因为她担心碰上别人嘲笑的目光。让她颇为歉疚的是，自己情绪恶劣的时候会无意间对自己的男友发脾气。

有一位画家想画出一幅人人都喜欢的画。画完后，他拿到市场上去展示。画旁放了一支笔，并附上说明：每一位观赏者，如果认为此画有欠佳之笔，均可在画上涂上记号。

晚上，画家取回了画，发现整个画面都涂满了记号——没有一处不被批评。画家十分不快，对这次尝试深感失望。

画家决定换一种方法去试试。他临摹了一张同样的画，又拿到市场展示。可这一次他要求每位观赏者将其最为欣赏的妙笔都标上记号。

当画家再取回画时，他发现画面又被涂满了记号——所有曾被否定的地方，如今却都换上了赞美的标记。

“哦！”画家不无感慨地说道，“我现在发现了一个奥秘，那就是，我们不管干什么，只要使一部分人满意就够了，因为在有些人看来是丑恶的东西，在另一些人眼里则恰恰是美好的。”

生活就是这样，你祈求尽善尽美、人人满意，不仅不能实现，心理还会因此失去平衡。

画家的这种情况，在我们现实生活中很常见。同样的事，同样的人，常常会得到不同的待遇，某些人眼里的天才，在另外一些人眼里却被视为蠢才；某些人眼里的英雄，在另外一些人眼里却被视为懦夫。这并不奇怪，因为每一个人的眼光不同，理解事物的角度也不一样。

所以，我们不要寄希望于别人的眼光，应该冷静、理智地认识自己，在任何情况下都要坚持给自己以积极的评价，只有这样，才不会迷失自己，才能操纵自己的命运。

一个人不可能事事精通，样样出众，但在某一方面非常突出、技艺超群就是人才，就可能在这个强点上获得成功。正是从这个意义上说，着意培养优势、强项，有助于为自己创造机会和把握成功。

所以，为了捕捉机遇，你必须有超前意识，要有目的地发展优势，培养强项。当自己拥有多项优势时，也不可能全面出击，面面俱到，应对自己进行设计，抓住重点优势，在最可能出成绩的项目上下苦功，以形成真正的优势。

英瑞杰是美国商界的传奇人物，他曾被人认为是个能力非常差的人。23岁那年他服兵役，被派往越南“蓝波补给兵团”负责燃料供给。32年后，英瑞杰执掌重组整合的美国百事王朝，其麾下的百事可乐、菲多利、纯果乐鲜果汁等营业收入连年飙升，稳固了其《财富》全球500强地位。

华尔街的投资家们曾经对英瑞杰的百事公司不屑一顾，甚至漠视百事公司的一系列变革。如日中天的必胜客、肯德基等餐厅业务在 1997 年从百事公司分离出去。

“走吧，都给我走！”英瑞杰说。他决定让百事罐装行业独立上市，并斥 33 亿美元巨资收购鲜榨果汁饮料的领先品牌——纯果乐，形成集菲多利小食品、百事可乐软饮料和纯果乐果汁三位一体的经营格局。

这样，有着百年历史的百事公司产业结构发生了巨大的变化。英瑞杰的新模式使百事公司的纯利润大幅度提升，营业额也从 10% 提升到 15%，投资回报率从 15%跃升为 20%。百事公司 1988 年被《财富》杂志评为“最有雅量的公司”。英瑞杰晓得如何避开“可口可乐”的锋芒，只是把主战场放在自己完全可以支配的领域，这意味着放弃在海外每个市场与可口可乐你追我赶的自杀性竞争。收缩与扩展是相对的，收缩是为了扩展，集中优势兵力在自己的主战场扩展，这是他的心理平衡点的依托，他获得了成功。

每个人都应对自己的人生道路进行一番设计，真正认清了方向，加以精心培养，从而使自己心理保持平衡。

你的目光往往决定了你的行为，有些人处世失败，是败在自己的错觉上。那么，怎样改变自己的错觉而心理平衡呢？首先要了解目光陷入的误区，然后针对不同的误区，找到精神的出口。

第一个误区是：喜欢用自己的弱点同别人的优点比，用自己的失败跟别人的成功比，由此认为自己一无是处，永远不如别人，心甘情愿为他人做嫁衣，同成功、幸福永远拜拜。

如果一个天才认为自己是侏儒，那么他就会真的成为一个精神上的侏儒。

一个自信心很强但能力平平者所取得的成就，往往比一个具有卓越才能却自暴自弃者所取得的成就要大很多。

第二个误区是：按别人的评价决定对自己的评价。

别人的评价经常是情绪化的而不是理智的，因而这种评价也是盲目的。如果我们按别人的评价来认识自我，将会陷入迷局。

好日子离自己到底有多远

一个男人的倾诉：大学一毕业，我就信心百倍地自己创业，我的目光很长远、目标很远大——我要在事业上做大做强，然后过上好日子，有别墅，有名车，能到世界各地旅游。可是做了这么多年，我被残酷的现实一次次戏弄了，到如今我已是一个“遍体鳞伤”的人。虽然我有了自己的房子、车子，也去过不少国家，可是我仍觉得这不是我想象的好日子，还是觉得好日子离自己很遥远。对此，我的心里没有感到一天的平静。我要飞！我要飞，飞到高空中，然后引吭高歌。

记得有个作家说过，高处有月亮，但是假如你的目标是苹果，就不必飞得那么高。因为如果你的目标是苹果，而你飞到1万米高空，那么你既得不到月亮也看不见苹果。

过好日子的几个重要方法之一，就是降低飞行高度。在我们的生活中，有的人过得好，有的人过得不好，这是为什么？过好日子和学习唱高音之间有着相通之处。日思夜想一味地勤学苦练可能毁掉自己的声带，从此再也没有机会唱出完美的高音。所以一定要根据实际情况，不能强求，这样到了水到渠成的那一天，一切都自然而然了。

来看两个事例。一个是关于歌唱家的成功历程。她是一名非常有成就的歌唱家，回忆自己的成长道路，她说她年轻的时候经常遇到这样的问题——有的时候，高音唱得很完美、很圆润一气呵成，但是有的时候却根本唱不上去，为此她非常苦恼。后来她去请教一位名师，那位老师让她试着唱了唱，然后又听了她的情况介绍，建议她不要急着再去唱高音，而是每天做普通的发声练习。再后来，战争爆发了，她没有机会唱歌，于是索性不唱。战争结束之后，她再去见她的老师时，发现居然非常轻松地就唱出了高音——从那以后，高音对她再也不是挑战。她的解释是，因为她的声音得到了完全的休息。

另一个事例是一个女人的恋爱婚姻历程。她有体面的职业、良好的教育背景，而且人也能干，她似乎看到了自己的锦绣前程。她觉得自己的个人条件不错，于是待价而沽，可是她一直没有找到合适的男朋友。当然这没有什么，单身也很好。但她觉得至少应该有男人来爱她——她是这么优秀。她等了很久，以至于后来开始抱怨自己“曲高和寡”。再后来，她的知心朋友说：“既然你觉得高处不胜寒，为什么不下来一点呢？”于是，这个女人就稍微降低了一点自己的择偶标准，也就是说她不再像展翅高飞的雄鹰一般，对男人一律采取“鸟瞰”的态度。她降低姿态后，立刻发现自己有了好多追求者。

有的时候，美好生活就在离你很近的地方，但是因为你把目光投向很远的地方，结果错过了机会。美好生活就在身边，只有你掌握了心理平衡点，有的时候，只需要降低一点点标准，生活就会好很多。

人类给自己创造出一个世界，原本是要给自己幸福和快乐，而结果却是被这个创造的世界所挟持，以至忘掉人生本来的目的，这是人类的悲哀。但人类终究有一颗向往自由的心，总有逃离世界、回归本真的欲望，这不是精神的脆弱，也不是无聊的追求，而是人在本质上真正的需要。所以，腾出一点儿时间呵护一下自己的心灵，

应该是我们对自己的慈悲。

照拂心灵是还心灵一个自然的宁静。对心灵来说，这是一种真正自由飞翔的境界。可以闭上眼，什么都不想，也可以睁大眼睛，让思绪随便停留在一个不着边际的地方。在这种真正的入静中，体会超凡脱俗的快感，完全彻底地放松，你是自己的主人，你正为自己而生活。

眼里不能只有自己

李先生在某地区人事局调配科工作，手上有权，可是他在同事中几乎连一个朋友都没有。因为他正春风得意，对自己的机遇和才能满意得不得了。他每天都使劲吹嘘他在工作中的成绩，说每天有多少人找他请求帮忙等。同事们听了之后，不仅没有人分享他的“成就”，而且还极不高兴，有意无意地跟他疏远。李先生不明白同事们为什么冷落自己，他并没有得罪他们呀！

法国哲学家罗西法古说：“如果你要得到仇人，就表现得比你的朋友优越吧；如果你要得到朋友，就要让你的朋友表现得比你优越。”

这个世上没有人愿意承认自己不如他人。

不让他人的光环遮住自己，这是每个人最起码的虚荣心。“木秀于林，风必摧之。”中国古人由于总结出优秀者往往有不幸的结局，而不主张做过于优秀的人。实际上人的本能是要做优秀者的，所以“大智若愚”成了处世的经验。19世纪的英国政治家斐尔爵士告诫那些向他求教处世技巧的人说：“如果可能的话，要比别人聪明，却不要告诉人家你比他聪明。”

苏格拉底则告诉门徒一个圆滑处世的方法："我只知道一件事，就是我一无所知。"

人人都有虚荣心。有的人为了一点儿虚名，什么事都干得出来；有的人为了一点儿小面子，不惜捋起袖子拼老命。反过来，如果你满足了别人的虚荣心，让他觉得有面子，就是对他最好的赞美，他一定会对你心存好感，并回报于你。

有一个有特长和能力的人，事业却难以成功。为此他孤独痛苦，忧郁彷徨，后来心理医生听了他的陈述，一语点破他造成困境的原因，他才意识到问题的症结到底在哪里。从此他很少谈自己如何高明，而多听同事们说话。因为同事们也有很多事情要吹嘘，而夸耀自己的成就远比听别人吹嘘更令他们兴奋。他与同事们闲聊的时候，总是先请对方滔滔不绝地把他们的欢乐炫耀出来，与其分享，他只是在对方问他的时候，才谦虚地说一下自己的成就。这样一来，他的人际关系越来越好，无论上司、同事还是下属，无不乐意与他交往。当他从科长升副局长时，没有一个人说闲话。

"良贾深藏宝若虚，君子盛德貌若愚。"这句古话的意思是：商人总是隐藏其宝物，君子品德高尚，而外貌却显得愚笨。所以需要展示自己时，一定要露一手，让别人记住你，对你刮目相看，但是必要时"藏其锋芒，收其锐气"，不可将自己的优势让人一览无余，这才是最善于调节心理平衡的处世策略。

无论在言语还是在行为方面向人暴露自己的优越心理，都是令人反感的，所以智者会尽量保持甘居人下的谦逊姿态，结果他们反而受到大家的景仰，这难道不是一种更高明的策略吗？

不要试图告诉别人正确的应该是什么。意大利天文学家伽利略说："你不可能教会一个人任何事情，你只能帮助他自己学会这件事情。"

学会欣赏和肯定自己

王兰是一家大公司的职员，以前下班后不是在茶馆谈事，就是在酒吧和朋友一起Happy。在这些交往中，她的确也得到一些机会，但折腾了几年下来，发现这些事情非常耗费她的时间和精力，揽镜自照，发现不到30岁的她眼角添了几丝操劳过度的鱼尾纹，自卑得不敢出头露面了。

后来她终于大彻大悟，何必计较别人的欣赏与否，每天下班就按自己喜欢的方式去生活。那就是，下班后一个人回到家，洗一个舒服的热水澡，然后坐在沙发上，听着音乐看杂志。心情调整好后，她又自信地与人交往，找回了心理的平衡。她明白，工作过后需要一个可以让自己自然松弛的地方，更明白了欣赏与肯定自己才能让自己的心态年轻化。

世界上有许多美丽的事物，它们的美丽显现，也就说明了更多平凡事物的存在。或许别人会通过外表认定你是平凡或是美丽，但你在自己心中永远都是最美的。

如果你长相一般，那么你可能拥有白皙的皮肤或是迷人的眼睛；假使你不太聪明，那么你可能拥有灵巧的双手或是非常好的想象力。总之，人无完人，上帝对待每个人都是公平的，关键是你如何去发现你的美丽。也许你少了珍珠，但你会拥有钻石；你可以放弃任何人，但你永远不能放弃挖掘自我。

学会欣赏自己，不要让别人的光芒将你灼伤。在某些方面你可能只是一粒普通的石子，就不要和宝石争夺光芒。别人考118分，你考68分，也不要气馁，因为它比你上次的65分，也是一个小小的进步。

学会欣赏自己，相信你是最特别的一个。有的人评价别人时，能发现任何一处美丽，而观察自己却显得那么愚钝，对所有的优点视而不见。对自己宽容一点儿、大度一点儿，始终相信再多一点点耐心，自己就会释放出无穷魅力。

相信自己很重要，因为你的一举一动，牵动着许多人的心，有你的世界和没你的世界不一样。你是美好事物中的一员，至少你身上的品质感染过别人，你被别人信任过，这就够了。这就是你的魅力所在！

“当前背着太多过去的负担”，霍桑写道，“在这世界上，我们没有时间欣赏生机勃勃，而且就在我们周围的东西。”

欣赏的本质是“制造”时间。时间是珍贵之物。要欣赏东西，我们必须将这珍贵之物拿一点儿来用在我们欣赏的对象上。

不妨做个试验。在你目前的环境里，找个平常的东西，拿起来。好，用足足 5 分钟注视它、感觉它、品味它、探索它。花了时间，自然而然的结果就是欣赏。

在人与人交往方面，道理尤其如此。人喜欢受欣赏，而欣赏又是极好玩的事。“人性里最深的原理，”威廉詹姆士说，“是受欣赏的渴望。”

太渴望别人的欣赏，就是自找麻烦了。“太依靠别人的认可，”提希谢说，“人生就会如坐针毡。”

从刻意寻找欣赏自己的人，转为自己欣赏自己，这就是把握了心理平衡点。欣赏是一种积极的选择。我们“选择”花时间发现某物或某人的好处，这需要集中精神。我们必须寻找这个好处，即使对象看来不好。我们的习惯反应可能是“我厌透了这东西”或“我不喜欢它”。下了功夫，我们就能超越这习惯反应，做出一种比较愉快、比较有乐趣以及比较丰富的反应。

“知道最好的人或事物也有邪恶，是件伤心事”，李格斯博士说，“发现最坏的事情里面也有善行，是个喜悦，这喜悦远远抵过那伤心。”

如何增加我们的欣赏能力？练习、练习、再练习。有什么是可以“经常”拿来练习的？当然，就是我们自己。“能不理人群的掌声，”艾迪逊写道，“无求于人群也自得其乐者，是伟大的人。”

多看自己而不一味求别人欣赏，就会发生一件极为奇妙的事：别人似乎比较欣赏我们了。当然，不是所有别人都如此。有的人会说我们“虚荣，以自我为中心，自负”。没错，我们大概怎么做也不会得到这些人欣赏。

另一个心理平衡的方法是肯定自己。

试试以下的肯定：我肯定我的生活，我肯定我自己，我肯定我的财富，我肯定我的健康，我肯定我的幸福，我肯定我的富有，我肯定我的爱心，我肯定我对人的关切，我肯定我的与人分享，我肯定我的学习，我肯定我知道自己要干什么，我肯定我的机会，我肯定我懂得享受乐趣，我肯定我的心理平衡。

但是，要经常提醒自己，在自我欣赏的过程中，不可做完全彻底的最后肯定，要留有一点儿余地。或许，从这一点出发，可以再发现一个更值得你欣赏的自我。

在工作和生活中里受了伤，要用心理平衡的办法来医治。

每个人都是一只水晶球，晶莹闪烁，然而一旦遭到不测或挫折，或许有的人就会让自己在黑夜中悄悄消殒，但是，欣赏和肯定自己的人不会放逐自己，他会将世界五颜六色的光折射到自己生命的各个角落来遮住暗淡和悲伤，坦然面对一切。心跟着美丽，生活也跟着焕然一新，快乐不也来了吗？

欣赏和肯定自己的人，会悄然为自己绾一个心结，让自己洞穿一切的眼睛，穿过满是疮痍的篱笆，在生活中攫取快乐之光。

欣赏和肯定自己的人，会对自己说，花开不是为了凋谢，而是为了结果，结果也不是为了终结，而是为了更生；叶落不是无情，而是为了蕴蓄，当然也是为了来年的新生。欣赏和肯定自己，让自己倾尽所有，全心付出，真诚奉献，让世界多些幸福，让自己快乐也让他人快乐。

顺其自然，让生活简单一点

有一位踌躇满志的老板，从事铝合金经营，几年内大赚一把，不仅建了一座别墅，还有了一辆私人轿车。他的私营铝合金厂每年纯赚上百万元，但他对员工却很小气，对自己更刻薄。为了省钱，他去南方购原料来回都坐火车，吃的是方便面，住的是小旅馆。一次押货回来，路上翻了车，他负重伤住进了医院，好不容易才保住了两条腿。经历了这场劫难后，他简直判若两人。无论是在家中，还是出差，他都尽可能地照顾好自己，然后才是业务。对待员工的态度也大变，一改往日的凶横，开始以温和谦恭的面目出现。

美国著名的教育家海伦·凯勒在《假如给我三天光明》一文中表达了一位盲人对人生中仅有的三天光明的万分珍惜。假如给盲人三天光明，收入眼帘的是葱郁的山林、碧碧的草地、油油的庄稼、可亲的身影……这些，对于一个视力正常的人来说，不过是司空见惯的事，熟视无睹，便漠然置之。有谁能在闲暇之时，特地抽空去林间听一听鸟鸣？有谁能对眼前的景物产生特别的惊喜？

美国著名哲学家梭罗曾说：“我来到森林，因为我想悠闲地生活，只面对现实生活的本质，并发掘生活意义之所在。我不想当死亡降临的时候，才发现我从未享受过生活的乐趣。我要充分享受人生，吸吮生活的全部滋养……”

然而，身处现实生活中的我们，被太多的物欲驱使着——豪华的房子、尽可能多的金钱、漂亮的女人、体面的男人、出人头地的子女……随波逐流的追逐让我们精疲力竭，太多的追求让我们失去了心灵的自由。我们没有时间问自己这一切是为了什么，我们真的需要这些吗，还是孩子气的逞强好胜？简单生活就是静静聆听自己心灵的声音，弄清什么才是自己真正渴望的，不再按照别人需要而活着，真正过自己的生活。

实现简单生活需要心理的平衡，完全投入，完全自觉。如果要买一幢大房子，就要意识到它的利弊关系。因为每件事有利就有弊，任何选择都会有负面影响。一幢大房子的好处就是舒适，或许令人激动；但为了支付房钱，你得在工作上付出大量时间，还得放弃生活中其他一些东西。几个月或几年之后，你会想，为什么我要为一幢大房子，如此单调、无休止地干活——付款、干活、付款呢？

某种舒适的享受是必要的。我们需要有生存所不可缺少的物质条件，于是找一份有报酬的工作。作为人，我们不能一无所有，我们需要一定程度的对美和美的事物的追求。但我们往往不知适可而止，随之便陷入了债务、疾劳等困境，甚至因此失去了生活的激情。

简单生活是深入的生活，是亲密的生活，即与你生活中的人、物、环境建立起密切的联系。在你过简单、悠闲的生活时，要有自己的空间和时间去深入地了解并深切地爱戴周围的人们。你要完全地表现真实的自我，并创造一种对你来说完全真实的生活。只有当你轻松下来，开始悠闲地、有意识地生活时，你才能发现生活的美好。

从复杂到简单，是一个从加法到减法的转变。一般来说，人进入社会，开始用的是加法来衡量人生，人活着要日积月累地发展，要滚雪球一般地赚钱。自经历了生活的变故之后，发觉人生适宜于减法。例如有个在事故中幸存的人，他想，假如上次我被压死，一切都不复存在；如果上帝要去我的两条腿，人生就会失去很多意义。不要对自己太苛刻，人最重要的是健康地活着。比起健康地活着，一切都显得微不足道。

人生的减法哲学，能让我们减去疲惫、减轻烦恼、减去沉重，更能减去不该早生的华发。那些身外之物，例如金钱、地位、权势，本来就是炫目的虚伪，不要也罢！

心理专家提示：

现代人的心理失衡是一种不健康状态，已经成为一种严重的社会问题，因此，必须设法摆脱心理失衡使思维正常运作，走出心灵的误区。

1．要加强修养，遇事泰然处之。

2．要合理安排生活，培养多种兴趣。

3．尽力寻找情绪体验的机会。

4．保护心理宁静。

5．适当变换环境。

6．正确认识自己与社会的关系。

不能强迫自己去竞争

一个经理人的自述：这些天竟然从早上起床开始就想着要睡觉了，然后盘算着什么时候睡觉比较划算，算来算去，时间在充盈睡意的疯狂工作中过去，每天熬到深夜，想着终于可以睡觉了，可是躺在床上又睡不着了。想到成功是和人的意志力有直接联系的，我要做的是，在白天的时候，从起床的那一刻起，就强迫自己认为自己精力是绝对旺盛的，就强迫自己去想着再过5分钟我就去公司空地上跑 10 圈，然后强迫、强迫……不这样，将失去竞争力。可是结果什么事情都做得不如意。这样下去，担心自己被淘汰，担心别人超过自己。始终想做到最好，证明自己的能力是最棒的，可强烈的竞争意识和内心的焦虑感却把生活的快乐带走了。

工作，最终无不是为了让自己生活得更幸福，但人们往往却因为工作，或者说只是为了提升、为了加薪，强迫自己去竞争，以为只有抛开一切、拼命工作，才能挣到足够多的钱；只有拥有了足够多的钱，才能够保证生活的幸福与体面。结果却发现，投入的成本大，失去的反而很多，包括和爱人的缠绵、和朋友的见面、运动旅游的安排、读书看报的时间……你在这条路上走得越执着，距离幸福越遥远。

显然这是一个悖论，因为幸福跟所有的量化指标并不相关。

李白伴着“花间一壶酒”吟咏“明月清风，不需一文买得”，就是一种自然从容的境界，唯其自然从容，所以李白一生潇洒快活，号称“诗仙”。其实在现在，这依然是一种我们需要的生活境界，只是在这个纷繁复杂的世界，有这种境界的人太少了。

18 世纪的法国，有一位叫丹尼斯·狄德罗的哲学家经历了这样一件事：一天，一位朋友送给他一件精美华贵的酒红色睡袍，狄德罗非常喜欢，便穿着它在书房里走来走去，突然间觉得书房里陈旧的家具无论如何也配不上这件睡袍。于是他迅速做了一个决定，更换了这些旧家具，书房终于配上了睡袍的档次，他也终于可以穿着华丽的睡袍坐在美轮美奂的书房里了。

理应感到心满意足的狄德罗，后来却感到越来越不对劲，因为他发现“自己居然被一件睡袍控制了”。他把这种被物质控制的感觉写成文章，题目就叫《与旧睡袍别离之后的烦恼》。

200 多年以后，哈佛大学经济学家朱丽叶·施罗尔受此启发，写了一本书《过度消费的美国人》，书中提出了一个新概念“狄德罗效应”，指的就是新睡袍导致新书房的攀升消费模式。她坚信这种“消费的热病”完全背离了人类存在的终极意义。作为对物欲横流的一种反叛，她提出淡化竞争的观念，一时间在欧美响应者众多，吸引了许多对“什么都不想落下，结果反而被搞得筋疲力尽”现有生活方式深恶痛绝的人们的支持。

的确，你有什么样的欲望，就会有什么样的生活方式，甚至命运。没有人可以无欲无求，所以我们总是需要一些智慧，毕竟自然界的法则是顺其自然。而简简单单的生活中，必然孕育着简简单单的幸福与快乐。

所谓的简单生活，首先它不是一种清教徒式的生活，更不是那种为了刻意简单反而更复杂的生活，除非你愿意，自觉地愿意。

比方说，你最好能热爱你的工作，因为只有这样你才能更努力地、有效率地工作。但是在你工作十分疲惫的时候，你完全可以给自己放个长假，这世界没有干得完的活，就像没有挣得完的钱一样。你放心，老板们都够聪明，自然懂得“磨刀不误砍柴工”的道理，你的公司也绝不会因为你的几天休假而失去什么，而你得到的，将是状态的调整以及难得的轻松。如果碰巧你的老板不够明白，那你索性给自己放个更长的假——你因此失去的只是锁链，而得到的将是整个世界。

“每一个早晨都是一个愉快的邀请，使得我的生活跟大自然一样的简单，一样的纯洁无瑕。”亨利·梭罗如是说。他为了实践自己的简单生活理念，独自一人，在老家康科德城的瓦尔登湖边居住了两年。他按照天性自然而然地劳作与生活，用斧头在瓦尔登湖畔建造了一座小木屋，在小木屋边上的地里种植蚕豆、土豆、玉米、豌豆、萝卜，并用其中一部分农产品换取一些最基本的生活必需品。在自耕自食的简单生活中，梭罗最注重的还是“一定要给穷人以他们最需要的帮助”，他认定“慈善几乎可以说是人类能够赞许的唯一美德”。

然后，他根据这两年的生活和思考写下了《瓦尔登湖》，一部宁静、恬淡而又充满智慧的书，一如他年轻而短暂的生命——“他的一生是如此之简单而馥郁，又如此之孤独而芬芳”。

当然，我们不可能也不需要仿效梭罗的生活，但我们也许可以把他当作一面镜子，看看自己在和欲望的争斗中是否还能感受到贝多芬《欢乐颂》中的热情澎湃，是否也能像弥尔顿《快乐的人》中的人们那样，被季节唤起心中的欢乐？

马斯洛提出人的需求的五个层次：生理需要、安全需要、社交需要、尊重需要、自我实现需要。人有欲望和需要是正常的，但你得在需要中找到最切合自己条件的，否则你无法得到心理平衡。一个心理健康的人，应该能对自己的能力作出客观的评价，不对自己过分苛求，自然一点，简单一点。

完美是一种精神鸦片

有一个作家，典型的完美主义者，在他眼里世界上一切似乎应该是完美的，他忍受不了不完美的事物，只好把种种卑劣和无奈加在了笔下的人物身上，然后让这个人物去破坏、去毁灭他认为不完美的人和事。后来，他的心理变态了，只能在作品中去毁灭他喜欢但不完美的东西，这些他在现实生活中无法做到，他在自己的作品中变得非常残忍。他越来越悲观，最后竟然因为感到世界不完美而绝望，把自己关在了家里，从此不出门，害怕见到不完美的东西或现象。

一定要追求美，却一定不要追求完美。

人一定要尽可能地接近美、进入美。契诃夫借《万尼亚舅舅》剧本里一个人物的嘴宣布："人的一切都应该是美的：面容、衣裳、心灵、思想。"契诃夫是要激励自己和别人，尽可能向往美、融入美，而并非在发表"完美主义宣言"。

可以宣谕美的必要，但不要发表"完美主义宣言"。

自己设定自己完美，是容易的。但他人却不一定都承认你完美。

世界并不完美。事实上，完美主义者经常患得患失，惧怕失败的焦虑和压力束缚了他们的手脚，压抑了他们的创造性，使其工作效率降低。完美主义者在性格上表现为固执、刻板、不灵活，给自己和他人设定一个很高的标准，而且非要达到不可，受到挫折就感到很痛苦，不能接受。

某著名机械制造公司的总经理就是这样的人。虽然公司的销售业绩还不错，但离他的高标准有些差距，他就不能忍受，跳楼自杀了。有位软件设计工程师在编程序时要求自己像写古诗一样把字节写得都一样长，结果他日日夜夜地苦思冥想，工作效率和成果可想而知。

完美主义的人往往不愿意接受自己或他人的缺点和不足，非常挑剔。有的人没有什么好朋友，经常换单位，和谁也合不来，为什么？那是因为他谁也看不上，甚至会因为别人的一些小毛病，而忽略了别人主要的优点；有的人不允许自己在公共场合讲话时紧张，更不能容忍自己紧张时不自然的表情，一到发言时就拼命克制自己的紧张，结果越发紧张，形成恶性循环；有的人不允许自己身体有丝毫不舒服，经常怀疑自己得了重病，经常去医院检查。其实，每个人都有缺点和不足，都会有紧张、不适的时候，这是正常的生理表现，必须学会接受它，顺其自然。如果非要和自然规律抗拒，必然会愈抗愈烈。

完美主义的人表面上很自负，内心深处却很自卑。因为他很少看到优点，总是关注缺点，总是发现不足，很少肯定自己，自己也就很少有机会获得信心，当然会自卑了。

完美主义的人容易只顾细节而忘记了主要目标，让别人觉得他“捡了芝麻丢了西瓜”。工作常常因此而没有效率。世界并不完美，人生总有不足。留些遗憾，反倒可使人清醒，催人奋进。对每个人来讲，不完美是客观存在的，不需怨天尤人，在羡慕别人的同时，不妨想想，怎样才能走出误区。或用善良美化，或用知识充实，或用自己一技之长发展自己。

“自我接受”意指接受我们现在的样子，包括一切过错、缺点、短处、毛病。但是，如果我们认清这些不完美是属于我们，而不是等于我们，那么，我们对于自身的这些不完美会看开些。然而，很多人却坚决地认为不完美等于“错误”，因而丢弃了健全的“自我接受”。

学会接受“真实的自我”，也接受所有的瑕疵，因为它是我们的一部分。接受不完美并用智慧认清你的缺点，才是明智的，这会是一个心理的平衡点。

要自信而不能盲目自信

一个“海归派”学子带着他的才华，还有他的自信，参加了国内一家大型企业的招聘会，他被录取了，可是不到一个月，他又从那家公司出来了，他愤然地说：“他们有眼不识泰山！”原来他在工作上过于自信，以为自己比别人懂得多，所以什么事都想以自己的标准强加给别人，结果遭到了别人的反感。很快，一件事就证明他是错的，而这种错正是盲目自信造成的。领导原谅他，安排他干些基础性的工作，可他看作是排挤自己，于是就离开了那家公司。

你也许有比别人高的学历，会有一定优越感。当领导要你从最基础的工作做起时，不要觉得以自己的条件，是大材小用。应该踏踏实实把工作做好，避免马虎出错。

每一项工作都有其价值所在，不分大小、轻重，唯有认真对待，才不会前功尽弃。下面的故事也许会对你有所启发：

冯真与黄平竞争部门经理一职时竟然输在一纸总结上。冯真爱好文学，发表文章不少于百万字，又有5年的文秘工作经历，知道他的人都认为他写的总结会比黄平好。

公司部门经理跳槽没几天，总经理就把冯真和黄平叫进了办公室，直奔主题地说："根据你们平时的表现，你们当中的一员将是新的部门经理，请你们这几天交一份自己的业绩工作总结报告上来。"

冯真当然有意部门经理之职，可又觉得这份总结有些多余。本人表现如何？业绩如何？写与不写都在那里摆着呢！自有公论。于是写总结也就不太用心，十分工作半句话完成，但为了表现自己的文采，用词造句和格式上冯真还是斟酌了一番。

就在冯真上交了总结后，黄平请冯真吃宵夜，求冯真帮他修改总结。他讨好说："老兄，谁都知道你是笔杆子，这忙你一定要帮。"冯真说："咱俩是对手，你就不怕我把你的总结越写越差？"黄平笑嘻嘻地说："你老兄不是这种人，我知道的。"经不住黄平的高帽，冯真答应了。接过黄平的厚厚初稿，冯真吓了一跳，这家伙这么上心呀。但很快冯真就释然：跑业务的人总结真这么重要吗？不至于吧，于是坦然答应帮黄平润色总结，可是在修改总结时他觉得这是一件令人后悔的事，因为黄平的文字太差了，而冯真又想显示自己，常常为一句话缠得心烦，已同意帮忙修改，总不能再送回人家。经过近一个星期的修改，黄平终于把冯真修改好的总结交了上去。

几天后，公司宣布了黄平晋升为部门经理的决定。散会后，总经理把失落的冯真叫到他的面前说：“无论从哪方面，我都看好你的，也多次在老板面前推荐你，可这次你却输在一份总结上。”见冯真嘴巴张得老大，总经理说：“老板看了你们两人的总结后，决定要提升黄平，黄平的总结找出了自己工作中的问题症结，制定出有效的计划，比你那份好多了。”

冯真想告诉总经理，黄平那份总结花了他多少脑细胞，但话到嘴边又吞了回去。冯真知道自己不是输在一份总结上，他自信写文案比黄平内行，但他输在高傲的心态上，没有好好地去写总结。如果当初知道这份总结这么重要的话，也许……他的心理失去了平衡，而这种失衡源于他没有很好地平衡与竞争对手的力量，以为自己业绩比对手强。黄平不同，他知道自己的业绩不如冯真，但他想在总结上突破，并利用冯真的特长完善总结，结果他胜了冯真，当上了经理。

“千里之堤，溃于蚁穴。”再强大的人，如果不善于从各个方面权衡力量，就可能因对某一点过分自信而招致失败。以弱胜强的人，重要的一点就是把握了心理平衡点，没有被对方的强大吓倒，而是利用和寻找对方因自信麻痹留下的空当或破绽，进行反攻。

在工作和生活中，应该建立自信心，但自信过了头就会变成自傲、自负。会让领导觉得缺乏起码的谦虚精神，办事不牢靠。会让竞争对手利用你的自负，实现自己的目的。不要处处把自己的优点与他人比较，要知道山外有山、天外有天。

古人曰：“人贵有自知之明。”“贵”字不仅表明一个人有自知之明是多么的难能可贵，而且意味着一个人要有自知之明也不是一件轻而易举的事。

了解自己难，这不仅因为“当局者迷”，而且还因为人的确难以客观地观察和把握自己。衡量他人是比较容易的，我们可以毫不费力地如实评价，而面对自己的一言一行时，你过滤缺点的“网”便增大了“网眼”，你也许并不是有意为之，而是你的自尊心使然。

客观地对待自我包括两个方面：积极悦纳自我和有效控制自我。

悦纳自我是发展健康的自我体验的关键和核心。具体地说，积极悦纳自我就要：

1．接受自己，喜欢自己，觉得自己独一无二，有价值感、自豪感、愉快感和满足感；

2．性情开朗，对生活乐观，对未来充满憧憬；

3．平静而又理智地看待自己的长处与短处，冷静地对待自己的得与失；

4．既不以虚幻的自我补偿内心的空虚，也不以消极回避漠视自己的现实，更不以怨恨、自责甚至厌恶来否定自己。

有效地控制自我是健全自我、完善自我的根本途径。具体地说，有效地控制自我就要：

1．建立合乎自我实际情况的抱负水平，确立合适的理想自我；

2．增强自尊和自信，使自己有为实现理想自我而努力的更强大的动力，激励自己不断奋进；

3．培养顽强的意志和坚强的性格，发展坚持性和自制力，增强挫折耐受力，使自己能自觉主动地认清目标，为实现目标而努力排除干扰、克服困难。

如何消除忧郁的困扰

一个忧郁者的心声：工作没有热情，生活没有趣味，我的日子过得很是迷茫，过去的、现在的、将来的，许许多多的事情就像不受羁绊的风儿似的只管扑面而来。面对自己，总是不可抑制地沮丧起来。不是不想开心，也不是没有开心，但却总是沉沦在忧郁中不能自拔。偶尔拼凑起来的片刻欢愉，也总会被一些琐碎和敏感给吹得四分五裂。有人说快乐是肤浅的，只有痛苦是深刻的。那么继短暂的肤浅之后，深刻就统治了我的灵魂，残余的一点温馨回忆，也被挤兑到最底层，被压抑被囚禁，似乎永无释放之日。

世界卫生组织在一份报告中说，全世界居民中有20%的人存在心理卫生问题和精神障碍。联合国国际劳工组织在发表的一份调查报告中认为："心理压抑现在已经成为21世纪最严重的健康问题之一。"

诺贝尔医学奖获得者卡瑞尔博士曾经说过："无法处理忧郁的企业主管、社会名流，往往英年早逝。"事实上，这句话对任何人都敲响了警钟。

著名的海滨医师在美国医师协会年会上宣读的一份报告中指出，他研究的176位平均年龄44.3岁的"精英"人士，约有1/3的人受到紧张所引起的三种病痛的困扰——心脏病、消化道溃疡或胃病。想想看，用这些疾病换取成就的人是真正的成功者吗？一个人失去健康，即使赢得全世界又有什么用？

一位世界知名的烟草商在加拿大森林中只不过从事一点儿休闲活动，即因心脏衰竭而亡。他家财万贯，却活了不到61岁。大概所谓的事业成功是以他的寿命换来的。对此，医师宣称，半数以上的病床上躺着的都是情绪忧郁的病人。他们的忧郁是由挫折、焦虑、烦恼、恐惧、绝望等情绪所引起的。

不要苛求自己。什么是完美？什么是不足？很多时候是心态问题，你的心理保持平衡，就不会出现沮丧情绪。沮丧是精神的最大杀手。温兹洛夫在一项实验中给实验者看了一篇文章，目的是让他们的心情变得难过。想象你在一条陌生陡峭弯曲的路上开车，而且雾很浓。前面不远处突然跑出一辆车，近得你根本来不及刹车，你用力踩刹车，车子立刻滑向一边。这时你看到对方的车子里坐满了正要上幼儿园的小孩子……一瞬间只见玻璃碎裂了，车子被撞得乱七八糟。接着是一阵可怕的静默，然后你开始听到哭声。你挣扎着跑过去，看到其中一个孩子动也不动地躺着，你心中涌起强烈的懊悔与悲伤……

接着，温兹洛夫请实验者花几分钟写下所有想法，同时尽量避免上述画面侵入脑海。每当上述画面入侵，实验者便在笔记上做一个记号。结果多数人所做的记号都随着时间的延长而递减，但原本心情沮丧的人则有显著增加的现象，甚至在尝试转移注意力时也不禁会回想起车祸画面。

不仅如此，较沮丧的人还有将注意力转移到其他更沮丧的思绪上去的倾向。温兹洛夫指出："内容同类的思想集结在那里，心情低沉时便倾巢而出。容易沮丧的人这种集结更加明显，偏偏这种人倾向于以另一个沮丧的话题来取代原来的，结果反而使心情更加低落。"

有人说，哭泣可以中和引发悲伤的化学物质。哭泣有时的确可让人停止悲伤，但也可能是你继续执着于悲伤的理由。常有人劝人"好好哭一场"，其实这个观念不见得正确，在哭泣中化解的忧思，结果只是更加悲切，倒是转移注意力确实可使忧思中断。专家认为，以电击医治极严重的抑郁症，便是利用短期记忆丧失的原理；病人记不得为何悲伤，病情自然好转。温兹洛夫指出，最有效的方法是从事可振奋情绪的活动、观看让人振奋的比赛、看喜剧电影、阅读让人精神振奋的书。

抗忧郁药方：

善待自己或享受一番是常见的抗忧郁药方，具体的方法包括泡热水澡、吃顿美食、听音乐等。送礼物给自己是女性常用的方式，采购或只是逛逛街也很普遍，男性借助饮酒的比率则是女性的5倍。暴饮暴食或酗酒当然都有很大的缺点，前者会让人懊悔不已，后者有抑制中枢神经的作用，只会使人更沮丧。

改变看事情的角度也是抗忧郁的药方。比如说结束一段感情总是很伤感的，很容易让人陷入自怜的情绪，以致越来越绝望。你可以退一步想想这段感情其实也不是很美好，你们的个性其实并不适合在一起。

另一个让心情变好的良方是助人。忧郁的人低沉不振的主因是不断想到自己不足及不快的事，设身处地同情别人的痛苦可以达到转移注意力的目的。经研究发现，参与志愿者活动是很好的方法。

第四章　信任与理解

每个人都有交流与沟通的欲望，因为人是情感的动物。每个人相对于这个世界都是独特的、个性化的，对自己的认识是一个不容易的过程，更何况对他人。所以对他人，我们不能苛求太多，付出自己的真诚，不要期望对方回报你什么，“赠人玫瑰，手留余香”。

妻子盼望丈夫飞黄腾达，父母希望儿女成龙成凤，这似乎是人之常情。然而，当对方不能满足自己的期望时，便心理失衡。其实，每个人都有自己的生活道路，何必要求别人迎合自己。

建立他人对自己的信任

小吴搞运输，钱赚了不少，就是不肯还贷款，而他的贷款是朋友担保的，朋友找到了他。可是他却在信任与理解之间失去了心理平衡点。他说："老弟，没有当初你帮我，我也许没有今天。"朋友说："那你把贷款还了吧！"他笑了笑说："银行的钱是国家的钱，还钱才是傻瓜呢。"

银行多次催收贷款，他竟然口吐狂言："要钱没有，要命有一条。"最让朋友伤心的是，银行要担保人偿还贷款。这时小吴醒悟过来，一个人发家致富非要选择违背诚信的路吗？他把贷款还了。不久，他的车子报废了，他想买一部新车，可无论是亲戚朋友，还是银行，都不愿意借钱给他。他的信用度降为零，他为之痛悔不已。

巴尔扎克说："单独一个人可能灭亡的地方，两个人在一起可能得救。"与他人交往共事，基础是相互信赖。可有的人却由于不善于为人处事，不知道如何赢得别人的信赖，结果在人生成长与事业发展的过程中处处受阻。相反，有的人能力虽然不是很强，但是他以讲诚信为心理平衡点，就会赢得别人的信赖，办起事来总是比别人容易成功。

中国有句成语叫"一诺千金"，典出《史记》，说的是有个叫季布的楚人，以侠义著名，非常重诚信，司马迁用"得黄金百斤，不如得季布一诺"来赞美他。由此可见，诚信是我们民族的传统美德。

对于人失信的危害，一个小故事很能说明问题。从前济阳有位商人过河，恰巧船沉了，他抓住一捆大麻秆，拼命喊救命。有个打鱼的人赶忙去救他，刚靠近时，商人大叫道："我是济阳最大的富翁，你若能救我，我给你 100 两金子。”当打鱼人救他上岸，商人只给 10 两金子。打鱼人说：“你刚才亲口说给 100 两金子，现在怎么只给 10 两了？”商人脸色一变，说：“你一个打鱼人，一天能收入几个钱？突然得 10 两金子还不满足吗？”打鱼人听了，心里不是个滋味，快快不乐地走了。碰巧这个商人再次坐船，船被石头撞破了，又遇上那位打鱼人。有人说救救这人吧！打鱼人说：“他是个说话不算数的人！”于是停住船不动，商人就淹死了。

人说话要算数，说什么就是什么，该怎么样就怎么样。许诺关乎你的信誉，你的诺言真实可靠，得通过行动来证明，而每一个人的行为不仅仅是个人行为，往往代表着一种信誉。

莫洛是美国摩根银行的股东兼总经理，年薪高达 100 万美元。其实他以前不过是一个法院的书记，后来做了一家公司的经理，他诚信待人，人缘极佳。他之所以能被摩根银行的董事们相中，一跃而成为全美商业巨子，登上摩根银行总经理的宝座。据说是因为摩根银行的董事们看中了他在企业界的盛名和极佳的人缘。好人缘给莫洛带来的是地位和事业的成功，给公司带来的是良好的经营业绩。

曾有一位明星大腕投资搞实业，与某地农民合作，利用他们的土地建厂房。可是几年后，这个发了财的大腕却不按合同兑付农民的土地股金，使农民蒙受了巨大的经济损失。农民们联名把大腕告上了法庭。这位大腕利用“名人效应”，在社会上做无本生意，欺骗那些善良的人，结果却把自己的人缘市场弄丢了。

这些事例都说明，只有诚信的人才能得到他人的信赖。

不论任何人，在与陌生人接触之前，都会因其职业、地位而产生某种期待，也会事先猜测这个人大概会说什么话。如果对方说出了你“期望”之外的内容，尤其是一些让你感动的话时，意外的惊喜会使你增加对他的信赖感。

虽然在一般人的观念中，不信守诺言被视为不诚实的表现，但笑谈间的诺言通常例外。如果你能做到不把“玩笑话”当成玩笑，守之不渝，真的去履行，势必给对方带去一个惊喜。那么，对方大为感激之余，势必会增加对你的信赖感。

不论是打电话还是当面交谈，认真倾听是很重要的。如果你不仅仅是随声附和，而是适时把对方说的内容归纳一下复述出来，交流的效果会更明显。既可以避免双方交流过程中出现的理解上的差异，又能使对方加深对你的印象，增强其信赖心理。

借钱物之事不论多少，都应及时送还。信誉和名誉一样重要。进而言之，不要忽视小的约束和誓言，因为对琐碎之事能够不食言的人，通常办事是讲究原则的，而讲究原则的人怎会令对方不信服呢？

猜疑别人，结果伤害了自己

一家私营企业老板，一直以为自己很了不起，是他养活着手下的员工。他对下属非常凶，经常破口大骂。他疑心病重，总觉得别人在暗中损害公司的利益。一天，在公司某部任经理的小周，突然接到解除劳动合同的通知，而小周却认为自己兢兢业业，公司没有理由这样对他，于是拒绝接受公司的解约要求。双方由此陷入僵局。老板对小周的工作和人品提出了羞辱性的看法，本来就觉得委屈的小周此时更难接受对自己的人身攻击。双方发生激烈争吵。突然，老板一拳击中小周的鼻梁。没有任何防备的小周顿时血流不止，经医疗机构鉴定属于轻伤，但他的精神受到了严重伤害，以故意伤害罪将老板起诉到法院，要求对方赔偿 5 万元精神抚慰金。接到法院传票，老板才后悔打人。

有人喜欢挑别人的缺点和错误，自己未必十全十美，却要求别人十全十美。他似乎有一种用别人的缺点和错误来证明自己眼光的心理习惯，或者在发现别人的错误中得到权力的满足，他们全部乐趣似乎就在不断地搜集别人缺点的过程中。

有的人喜欢猜疑别人。《三国演义》中曹操刺杀董卓败露后，与陈宫一起逃至吕伯奢家。曹吕两家是世交。吕伯奢一见到曹操到来，本想杀一头猪款待他，可是曹操因听到磨刀之声，又听说要“缚而杀之”，便大起疑心，以为要杀自己，于是不问青红皂白，拔剑杀了吕伯奢。

有的人手上有权，就把它变成伤害别人的工具。有的老板动辄对员工呵斥、谩骂，完全不顾对方的尊严。

这几类人，心理绝对不正常！

十全十美的人在现实生活中是很难找到的，一般说来，识人之短易，识人之长难。作为领导者，就是要以求贤若渴的态度，对人才从大处着眼，从长处着眼，看人的本质、主流。帮助对方重新树立评价自己的标准，改掉原来那种完美的、苛刻的、倾向于十全十美的标准，树立一种合理的、宽容的、注重自我肯定和鼓励的标准。

松下幸之助说：“用人就是要用他的勇敢，必须尽量发掘部属的优点。当然，发现了缺点之后，也应该马上纠正。以七分心血去发掘优点，用三分心思去挑剔缺点，就可以达到善用人才的目的。”

历史上那些明君贤臣和具有卓识远见之士，用人时都非常强调看主流、观本质，而不计较某方面的“过失”，这样就聚集了一大批各具特长的人在他们的身边，为他们事业的成功奠定了坚实的基础。

心理学家指出，没有人想成为无名之辈，几乎人人都希望被看成一个重要的人。

关心他人，理解他人，信任他人，促使自己拥有博大的胸怀。“世间最美好的东西，莫过于有几个头脑和心地都很正直的严正的朋友。”这是爱因斯坦说过的一句话。

陈嘉庚先生说过：“你得不到你容不下的东西。如果你的房子太小，不得不将财宝堆在外面，那样迟早会失去。”你的心胸有多宽广，才有可能做成多大的事业。

在人际交往中应如何消除猜疑心理呢？

第一，优化个人的心理素质。拓宽胸怀，来增大对别人的信任度。

第二，摆脱错误思维方法的束缚。猜疑一般总是从某一假想目标开始，最后又回到假想目标。只有摆脱错误思维的束缚，走出先入为主的死胡同，才能促使猜疑之心在得不到自我证实和不能自圆其说的情况下自行消失。

第三，敞开心扉，增加心灵的透明度。只有敞开心扉，将心灵深处的猜测和疑虑公之于众，增加心灵的透明度，才能求得彼此之间的了解沟通，增加相互信任，消除隔阂，获得最大限度的谅解。

第四，无视“长舌人”传播的流言。猜疑之火往往在“长舌人”的煽动下，才越烧越旺，致使人失去理智、酿成恶果。因此，当听到流言时，千万要冷静，谨防受骗上当。

如何欣赏别人

一个网友的倾诉：我为什么受到这么多人的敌视？今天江平平又别有用心地问我家是不是很有钱，为什么要这样对我？

下了网，我确实没有几个朋友，因为我不善言谈，往往和人们没话可谈。在我眼里别人都是愚蠢的，我又不愿意让别人觉得我是愚蠢的，我平时很少和他们接触，谈不上和他们有过节。我想不通，我到底哪些地方让人瞧不起呢？我到底因为什么得罪人？现在，我越来越害怕被别人看不起，所以我就更加瞧不起别人。

有人认为，在越来越个性化的社会交际中，“欣赏自己”已被越来越多的人接受和应用，它是建立自信的心理平衡点。欣赏自己，是一件好事，有利于个性的张扬和主观能动性的发挥。

可往往物极必反，“欣赏自己”到了一定程度就会发展成为极端的自私自利，发展到唯我独尊的骄横和霸道，发展到“宁可我负人，不可人负我”的个性变态。所以心理平衡是控制出来的，不去控制，平衡不会保持长久。从平衡到打破平衡到再次获得平衡，你要不断地调节自己。

自私与自恋的“欣赏自己”，最终会毁掉自己，失去别人的帮助，走向人生的黯淡、寂寞和孤独的泥潭。那么怎样去校正平衡点呢？学会欣赏别人吧，如果用欣赏的目光看看身边你从来不曾欣赏过的人，你会发现，他们虽不如明星、大款那般被传媒“炒”得火爆，但他们却仍然认认真真地生活着，努力地工作着，真诚地与人打着交道。他们在与人交往中所表现的同情、关切、微笑和互相帮助都是朴实而真切的。这些人就生活在你的周围，他们是你的亲人、朋友、同事和邻居，他们在你失败受挫时安慰你、帮助你；在你成功高兴时会鼓励你、赞美你；下雨时，他们会拉你同在一个屋檐下躲雨；刮风了，他们会为你披上一件御寒的风衣……看到这些，感受到这样，你还只是自我欣赏吗？不会的。你的心理会渐渐平衡起来。

有的人不去欣赏别人，是由于太清高。不错，你身边的人存在着各种各样的缺点和不足，他们烦恼时也会喊一喊、骂一骂，他们在背后也要议论别人的优点和缺陷，他们也喝酒、抽烟、打麻将，但这些“恶习”谁能保证自己身上就没有呢？真正懂得交际艺术的人，是知道怎样用欣赏的目光把一堆粗树根变成艺术品，明白善意的批评也许会使恶魔变成美丽的天使。

善于欣赏别人的人，他总会得到更多人的欣赏和帮助，创造一个更适合个性发展的宽松、和谐又充满人情味的人际环境。

一位社交高手认为："让对方感受到你的关注并不难，只要你真的把他放在心上，不经意间就会流露出来。其中，记住对方的名字，了解他的生活与工作情况，这很重要。"

这不禁令人想起了小说《飘》中充满积极人生态度的梅兰姑娘的一句话："假如你用挑剔的眼光看待这个世界，那么，你眼中将遍地荆棘。"

在我们的生活中，最平常的人身上也有闪光点。得到他人的赏识，往往是促使人努力奋进的动力。关注和欣赏，会促使人迸发出意想不到的创造力，取得成功。不信你可以尝试，真诚地欣赏你周围的每一个人，让对方备受鼓舞。这时，你就会发现，欣赏会让你的生活更加美好。

有一次，维克去邮局寄一封挂号信，他发现那儿的工作人员对自己的工作感到很不耐烦。见此情景，维克心里说："我要使这位仁兄喜欢我。显然，要使他喜欢我，我必须说一些好听的话。"

维克问自己："他有什么值得我欣赏的吗？"维克仔细寻找着，立刻找到了能让他欣赏的优点。

当工作人员在磅秤上称维克的信件时，维克热情地说："我真希望有你这种头发。"

那人听后抬起头，有点惊讶，面孔露出微笑，说："嗯，不像以前那么好看了！"

维克说："虽然失去了一点儿光泽，但看上去仍然很好看。"

那人听后高兴极了，他们愉快地交谈起来，就像相识多年的老朋友一样。

欣赏别人，可以建立一种健康和谐的人际关系。在节奏飞快的现代社会，在一个无暇沟通的生活环境中，学会欣赏别人尤为重要，只有这样，人与人之间才会多一份融洽、少一份隔阂。

学会欣赏别人，把握了尊敬原则、适中原则、真诚原则、自律原则这四点，会帮你成功。即使一些细节弄错了，也会得到别人的谅解。

欣赏对方欣赏的事。他欣赏自己的成就，欣赏自己的能力，欣赏自己的风度……你只要对他的成就、他的能力、他的风度或气质等表现你真诚的欣赏，对方一定会欣赏你，把你当成难得的知音。

请教对方擅长的事。自己不懂的问题、不清楚的事情，不妨向对方求教，既可增长见识，又能得到对方好感，何乐而不为？

欣赏别人，不是投其所好的精神按摩，更不是卑躬屈膝的精神行贿。要欣赏别人，必须要发现别人的长处，就像伯乐相马一样。如果没有这种能力，就无法欣赏别人。欣赏别人，需用心去体会，发出由衷地赞美。

不要对老公期望过高

她一直希望自己的老公有出息，在单位里混出个人样来。老公当上科长后，又要他努力当处长。当了领导秘书后，又要他当领导。一切都在努力中实现着，老公在权力台阶上一步步上升，她的虚荣心得到了满足，在单位里俨然以第一夫人自居。

她又担心他升了官不听自己的话，于是推行“男人管世界，女人管男人”的理念，要他爱她、疼她，钱一分不少地交给她，回家后要立即奔赴厨房做饭。她经常在他身上寻找着别的女人的长头发，要他保证只爱她一个人，不许与单位里别的女人同车同宴。老公成了他的工具，一切都是为了她的需要。

夫妻之间要求对方应做什么事、管什么事，应处理什么事、负责什么事，都是社会文化习惯的产物。每个人从自己原来的家庭长大过程中，不知不觉中形成了对夫妻角色的看法。如果夫妻两人的家庭背景差异太大，可能带来极不相同的对夫妻角色的期待，很容易对自己配偶产生不满意的心理。

例如，有一个女人婚后不久就大不高兴，哭泣着说，她的老公不管她如何忙，也从来不帮她做家务。她说在娘家，父亲常常下厨房帮妈妈烧菜。而做老公的则感到莫名其妙，在他家，父亲是从来不下厨房的。且老公对妻子掌管家里的经济大权极不高兴，因他家里是由父亲管经济大权。有个固定的期待，一时无法接受或建立他们自己的夫妻新角色。

一般来说，妻子对丈夫高标准、严要求是可以理解的，问题在于高到什么高度，严到什么程度。如果通过努力能够“达标”，你又善于调动积极因素，或许你的期望不至于落空。然而做妻子的往往容易将标准定得太高，结果对方产生消极对抗，做出一副死猪不怕开水烫的姿态，叫人奈何不得。

平心而论，比较心理、攀比心理确属人之常情，有了比较，就有了赶超的目标和动力。但比较有时候也容易坏事，因为距离的差异，你对他近距离的认识和对别人远距离的认识就会不同，极易用他的弱项与别人的强项相比，结果越比越失望，心理失去平衡，不免滋生“老公是别人的好”的念头。然而强项比例是因人而异的，你老公的弱项或许是别人的强项。只是因为你不了解别人的弱项，以为人家事事皆强，同时又忽视老公的诸多强项，就把自己的老公稀里糊涂比下去了。

有的女人要求伴侣在体魄和能力上是遮风挡雨的“卫士”，在学历和见识上是无所不知的“博士”，在体贴和关怀上是温柔耐心的“护士”。也就是说，她们要求男人既阳刚又阴柔，既上得厅堂又下得厨房，在外呼风唤雨，回到家后听女人使唤。

一些女人明知对丈夫的高标准几近奢望，但还是执迷于幻想。因为她们期望：一旦让丈夫变成全能型的多功能用品后，自己就可以坐享其成了，然而她们没有意识到这其中隐藏着某种危险：当男人一旦变得无所不能时，女人的重要性也就被削弱了，她们的优势就不再显现。

生活中常见这样的情形：一些对丈夫严格要求的女人，常埋怨丈夫无能，大有恨铁不成钢的意思，她们的丈夫果然就成不了钢，甚至成不了一块好铁。而另一些对丈夫无所求的女人却每每得到意想不到的收获：由于她们对男人的满意，他们就果然变得越来越令人满意了。为什么会这样？因为男人自信是建立在女人的夸奖基础上的，女人的满意让男人精神雄起，他们也就变得越来越潇洒，越来越有出息。所以，聪明的女人，与其无穷无尽地提醒和督促男人，不如激励他，激励是最具效果的，因为人人希望被信任、被重视和被需要。

要保持心理的平衡，既然已经完成了挑选，就该知足。除非对那些原本就是破罐子破摔的人，一般情况下，最好是睁一只眼闭一只眼，这样有助于产生朦胧美。

即使有所期望，也不要把目标定得过高，让男人绝望，更不要用逼迫之法强行促使其就范，这样做的结果肯定适得其反。

不要对孩子要求过高

本来他是老师和同学眼中标准的好学生，听话、成绩好。但他妈妈却不这么认为，一回到家他就表现出对妈妈的强烈不满，常常歇斯底里地发脾气，和平常的他简直判若两人。因为母亲的高要求给了他很大的心理压力，导致在外人面前，他可以如母亲要求的那样表现良好，但在独自面对母亲时，却将敌对情绪表现了出来。

在学习上遇到困难后，他总是担心、焦虑，害怕同学看不起自己，害怕家长、老师责怪，担心到睡不着觉、吃不好饭，甚至想就此不再踏进学校。在确诊他患的是抑郁症后，医生给他配了药，结果他趁家长没留意，把所有的药都吃了，险些酿成大祸，这种行为是典型的抑郁症状。

不少来中国的外国人纳闷：“为什么中国孩子的笑容不如外国孩子的多？”有专家认为这与我国儿童抑郁情绪日益增加有关。在北京召开的第 28 届国际心理学大会上就有人提出，中国目前约有 20%的儿童出现抑郁症状。一位儿童心理专家透露，以前他们在临床上遇见的抑郁症孩子和多动症孩子是二八开，现在则是各占一半了，出现抑郁症状的孩子增加了三成多，而且情况还在恶化。

现在一些父母在孩子出世前就做好了种种计划，对孩子提出太多要求，期望有时会给孩子很大的压力，孩子承受压力的能力是有限的，承受不了的时候，反而会变得消极、一蹶不振。因此，不要对孩子要求过高。同时，不要把评价方式过分地放在分数上，注重培养孩子的创造精神。

做父母的，大都希望自己的孩子成龙成凤，于是就常常拿一些有名望、有地位、有成就的大人物来激励自己的孩子。拿自己的孩子和大人物的童年来比，拿自己的孩子和别人的孩子去比，用心虽好，但往往由于对孩子要求过高，引起孩子的反感。

有的家长对孩子要求过严、批评过多，总是指责孩子这也不对，那也不是，或者恐吓打骂孩子，或者在别处生了气都转移到孩子身上。在这种环境中长大的孩子会缺乏自信，做事谨小慎微、胆小孤僻，还会养成孩子强烈的对立心理：养成任性倔强、粗暴无礼、撒谎等毛病。正确的方法应该是给孩子适当的鼓励和表扬，增强孩子的自信和勇气。当然，当孩子做了错事时，不批评也是不对的，这对孩子优良品质的形成十分有害，批评对孩子认识和改正错误非常必要，有利于孩子判明是非，校正行为，关键是找到恰当的平衡的办法。

我国有句老话："人比人，得死；货比货，得扔。"这话虽然说得直白，却有很深的道理。人的个性差异太大了，所以，最好不要拿孩子和那些出类拔萃的人物相比。就是和别人家的孩子，最好也别去比。

美国学者戴维•刘易斯在他的《教育孩子四十条》中，有这样一条："从来不对孩子说，你比别的孩子差。"当然，在孩子成长过程中，让孩子以出类拔萃的人物为榜样，这对孩子的发展自然是十分有益的。但用挖苦的口气，拿他人的长处来贬低自己孩子的做法是完全不对的。孩子尽心了，切不可一味地苛求他们。

很多家长只要孩子聪明、成绩好就行，其他什么也不管，忙于带着孩子奔波于音乐班、英语班、钢琴班之间，让孩子成了学习的机器，忽略了孩子的天性，甚至隔绝了孩子与同龄小伙伴的交往，阻碍了儿童人格健康的发展。

其实，孩子在与同伴游戏中学会了如何与别人合作、互相帮助、互相关心、友爱、谦让、解决人际矛盾技巧，如何根据别人的反馈来调整自己的言行，恰当地表达情绪，为孩子步入成人社会打下良好的基础，这是人格健康发展的必经之路。孩子天性中有好奇、冒险、活动的要求，家长应鼓励孩子与自然接触，激发他们了解大自然奥秘的兴趣，这会成为他们自觉学习知识的原始动力。

给孩子适度的期望是可以的，但你在给孩子期望时，应注意以下事项：

1．你给孩子的期望宜在他努力的能力范围内，既不宜高出他的能力太多，也不能低于他的能力。譬如：孩子的智商 110，你可以给他 120 ～ 130 的作业，让他接受挑战，建立他对自我的信心；倘若只给他智商 90 的作业，他会对学习失去兴趣。

2．对于高难度的工作，你可以视孩子的能力，分成几个阶段，每个阶段的完成不妨给他一点儿间歇性的鼓励。

3．不要随便给孩子贴上不雅的、有损他自尊心的标签，因为这可能会对他造成一辈子的伤害。

如何摆脱对方给你的压迫感

杨先生今年 23 岁，在一家公司搞策划工作，按道理，这个年龄这个职业的他应该是很活泼外向的，但是杨先生却觉得自己和同事相处很不自然。他的同事有的学历比他高，他觉得自己水平不如人家；有的职位比他高，他产生一种“惧官”心理；甚至有的个子比他高，他也害怕仰视对方。尤其是每次和同事目光相遇的一刹那，他都会觉得格外怪异，然后就赶快移开目光，就像小偷遇到警察一样。另外，杨先生和同事待在一起时老觉得找不到话题，别人聊什么他也插不上嘴，一般只是顺着人家的意思说话，而别人往往还对他爱理不理。

有的人看上去会给人一种很大的压迫感，例如高大威严者，从他身上放射出一股强大的威慑力，使人不由自主地产生一种畏惧的感觉。这种情况下，你不可能去主动地接近对方，也不敢去希望得到对方的理解，心理压迫感把自己与对方隔离开了。

在这个时候，要想摆脱对方给你的压迫感，就必须采取兵法里所谓的“重点突破”战术，就是集中力量攻击敌人最弱的一点。比方说，在谈话时盯着对方身体的某一部分，如耳朵、鼻子或是他脸上的什么部位，这样就可以减少对方给你的压迫感。

总之，你不必去迎合对方的步调，要分散他的注意力，而且使他情绪不稳定，变为主客倒置的局面。这种方法不仅能摆脱对方给你的压迫感，还可能使得对方的自信产生动摇。

其实，你有绝对权利随时可以控制的唯一对象，就是你的心态，这里所谓的“控制权利”是表示你“可以”控制，但并不表示你真的已控制，你必须学习运用此权利并把它变成一种习惯。

内心里的意识是进行推理和思考的场所，它会分析各种资讯和数据并且导引通往潜意识之路，意识是经验发展的结果。

但潜意识不会思考和推理，它只会本能地对基本情绪做出反应。

人与人之间之所以有差别，就在于每个人训练意识的方法有所不同，但我们的潜意识却是非常类似的。

如果把潜意识比喻成一辆汽车的话，那么意识就是驾驶，汽车的动力在车内而不是在驾驶者身上，要驾驶就必须学习引导这股力量。

意识在强烈情绪的激荡下，会将各种影像传给潜意识并被接收，就好像照相机一样：意识扮演着镜头的角色，对准你的欲望影像，并把它照在潜意识的底片上。

想要用这照相机照出美丽的照片，同样也必须遵守一般的照相原理：焦距必须对准，曝光必须良好，时间必须拿捏准确。

想要对准焦距，你可以把对方放大，也可以把对方缩小，决定构图内容的不是别人而是你自己。

当你将影像缩小映照到潜意识时，就不会害怕别人，用平视的眼光看着他，使自己处于一种精神高昂的状态。自我暗示“我比对方强”，这直接影响到潜意识，激励你以平稳的心态或平衡的心理与对方交流或者交往。

说话时语气要坚定，这样可克服掉抑制的心理。

你认为是“不”，就不要说“是”，要坚持己见。你若不同意，不妨勇敢地提出反驳。说话要充满自信心：“我一定要……”而不说：“我可能……”这样你就能赢得别人的尊敬。

不要将一切都预先安排计划得头头是道，即兴也使人十分开心。有时对事情持等待态度，静候其发展，会使你变得更主动、更自然而不拘谨。

对恭维的话不要一概拒绝，而要对别人的称赞表示感谢。自诩甚至有助于增强你的自信心，其前提是这种自诩不是言过其词。

承认你的劣势和短处，而不要为此经常去道歉或辩护。你受批评的只是你的个别行为，而绝不是你整个人。

不要将自己与别人相比较。每个人都是不同的，不可比的，你也不例外！你承认的自己就是你原来的你，并对你有充分的自信。

自身有缺陷怎么办

张某有身体残疾，本来一年前就想改行不做手头的生意了，但一直苦于没有找到合适的项目，所以也就没有太大的行动，本来想把手里剩货卖光就收手不干了，结果国家新的政策出台，看到几个月的销售额几乎为零，他有点儿埋怨自己没有及早离开这个圈子。所以常常自怨自艾，一夜之间还白了不少头发。公司人员看到老板这样的状态，也觉得没什么发展，终于在某天清晨，集体递交了一封辞职信。看着下属们离他而去的背影，他才忽然意识到，比身体残疾更可怕的是自己存在性格缺陷，平时没有与员工建立互信的关系，所以在困难时，得不到别人的理解。因此，他对自己很不满。

许多在不同领域非常成功的人士并非完美无缺，他们某些方面甚至比常人柔弱。怎么办？他们无疑找到了心理平衡点——积极的自我意识。失去了双手，还可以用脚写字、操作电脑。例如霍金，他瘫痪在轮椅上，全身只有两根手指能动，后来又丧失了语言能力，许多事情被现实世界无情地拒绝，但他却用大脑建立了一个宇宙世界，在“黑洞”里畅想遨游。如果没有心理平衡点，真不敢相信，身残者会激励着自己不断奋进，直到走向辉煌。

“别人是不会相信我有能力的。我希望别人信任我，那只会落入空想。但是，我理解别人这样对待我，因为我自己没有做好。”这是美国总统罗斯福小时候写下的话。罗斯福是一个有缺陷的人，小时候是一个脆弱胆小的学生，在学校课堂里总显露一种惊惧表情，他呼吸就好像大喘气一样。如果被喊起来背诵，立即双腿发抖，嘴唇也颤动不已，回答起来含含糊糊、吞吞吐吐，然后颓然地坐下来。

像他这样一个小孩，自我的感觉一定很敏感，常会回避同学间的任何活动，不喜欢交朋友，成为一个只知自怜的人。然而，罗斯福虽然有这方面的缺陷，但他在生活的长夜里找到了心理平衡点——“我以奋斗来证明我活得有价值”。奋斗本身是有价值的，失败也就不可怕了。事实上，缺陷促使了罗斯福更加努力去奋斗。他没有因为同伴对他嘲笑而减少勇气。他喘气的习惯变成了一种坚定的嘶声。他用坚强的意志，咬紧自己的牙齿使嘴唇不颤动，渐渐克服了自己的惧怕心理。

从克服缺陷的毅力和精神中，能够看出罗斯福充分、全面地认识自己，意识到自我的缺陷，正确地评价自己，在顽强之中抗争。不因缺陷而气馁，甚至将缺陷加以利用，变为资本，变为扶梯而登上名誉巅峰。在晚年，已经很少有人知道罗斯福曾有严重的生理缺陷。

罗斯福的成功是令世人瞩目的，虽然先天加在他身上的缺陷是相当严重的，他却能毫不灰心地干下去，直到成功的日子到来。一个先天有缺陷的人，如果没有心理平衡点，是容易自卑的，自甘平庸也是相当自然而平常的事。罗斯福没有因缺陷而自卑、自暴自弃。他既没有让朋友们来可怜他，也从来没有落入自怜的罗网里。做到了这一点，他赢得了声誉，后来人们敢于选他当总统，那份信任，是他自己通过多年的奋斗得到的。而现实中很多人却陷入了自怜的罗网不能自拔，他们有缺陷，或者没有缺陷。

那么怎样找到心理平衡点呢？

缺陷者应该建立这样的心理平衡点：相信自己具有意志力。心理学家发现，信念需要意志作动力。当一个人有了信念乃至已经形成坚定的信念的时候，能否果断地采取行动，逐步将头脑中的信念化为活生生的现实，却需要顽强的意志力。没有意志力去执行的信念，犹如没油的车子，是不会启动的。这个问题说起来容易，做起来很难。因为无论追求什么样的信念，首先要付出很大的艰辛。如果贪玩，吃不得苦，肯定会半途而废。

日本有一所“鼓气学校”，教导学生如何学会重新梦想成功，对事业上失败的竞争者进行“回炉锻炼”。学生们按照学校的要求，在身上挂满了令自己惭愧不已的性格弱点的小纸条，还有自己的理想和下阶段的奋斗目标。他们每天吟诵不已，以激励斗志，改换精神面貌。上课时轮流复述自己的梦想，并在最后用力喊道：“我一定要实现！”这种激烈的方式会以强大的冲击力唤醒一个人沉睡的心灵。据说从“鼓气学校”出来的人，大多表现了顽强拼搏的意志，从而重新获得事业的成功。

实现梦想，实际是个如何激发动机、立志图变的过程。在一定情况下，梦想可以变为现实。从实现梦想的奋斗过程中，可以培养一个人坚定的意志。

自我暗示也是一种极其有效的平衡心理的方法，人们通过暗示自己能成功，就能从潜意识心理闪现中得到鼓励。

有时候我们不做一件事，是因为没有把握做好。我们感到自己“状态不佳”或精力不足时，往往会把必须做的事放在一边，或静等灵感的降临。如果有些事你知道需要做却又提不起劲，那么就尽管去做，不要怕犯错。给自己一点自嘲式幽默，抱一种打趣的心情来对待自己做不好的事情，一旦做起来了，一定会乐在其中。

觉得自己受缺陷制约，就得加强排练。先“排演”一场比你要面对的局面更复杂的战斗。如果手上有棘手活而自己又犹豫不决，不妨挑一件更难的事先做。

战胜恐惧，世上最秘而不宣的体验是，战胜恐惧，然后才能战胜缺陷，迎来的是某种安全有益的东西。哪怕克服的是小小的恐惧，也会增强你对创造自己生活能力的信心。

第五章　利益与合作

有时心理不平衡，是害怕自己不如别人，在利益上只顾自己而不顾他人，这样只会滋长处处与人争斗的攻击心理，使得自己经常处于紧张状态。其实，人与人之间应和谐相处，只要你不敌视别人，别人也不会与你为敌。

或许你做不到主动去帮助别人，但你可以在利益面前学会退让，失去的时候保持克制和忍耐，权当作了奉献，这不仅可使自己忘却烦恼，而且可以表现自己存在的价值。愿意与你合作共事的人多了，你自然可以获得更多的利益。

如何减少对手的敌意

倾诉者：我现在没有一个朋友，以前当别人来帮我时，我不以为然；聚会时我从不买单；与人合租房子住，电话费、上网费也让别人付。总而言之，一句话就是不愿意付出。不愿付出的我，总是省钱、省力、省事，最后把成功也省了。现在我明白，得与失是一种因果关系，舍得付出才能得到。舍的本身就是得。小舍小得，大舍大得，不舍不得。我与人交往的心态是凡事都要得利的心态，可失去的却更多。往后我一定要有付出的心态，只有付出了，才会得到回报。付出越多，回报越多。只有量的积累，才有质的飞跃嘛。

不少人与别人初次见面很客气，与人短时间相处也能做到谦让付出，可是时间长了就相处不好了，关键是心理失去了平衡，不愿为对方付出，甚至斤斤计较起来。成功的处世是与人相处越久越显示自己对人的友好。

相处久了，产生一种视对方为工作和生活中的竞争对手的心理，以致处处戒备和设防，对他的笑容减少了，客气话也少了，而挖苦与讽刺多了。常见到一些同事与朋友，见面就互相嘲笑对方。这种相处，其实是给自己制造麻烦，因为一旦出现生活变故，你讽刺排挤的人、没有帮助过的人，最容易成为幸灾乐祸的人，成为在你伤口上撒盐的人。

当我们看到自己取得成功的时候总是兴奋不已，希望有人为自己鼓掌。可是当身边的人，包括你的“假想敌”，你的对手取得成功的时候，你该怎样去面对呢？是嫉妒还是欣赏？是大声叫好还是不屑一顾？尤其是你平日与他相处得很紧张、很不融洽的人成功了，这时候，你为他鼓掌，会化解对方对你的不满和成见，改变他对你的态度，他会觉得你慷慨地付出了自己的真诚，从此，他也会给予你支持。人都是这样，死结越系越紧，活结虽复杂，却容易打开。

对他人多鼓掌，这是需要勇气的，需要一种平和的心态，但它给你带来利益却很大。

1991 年 11 月 3 日夜，美国大选揭晓。当选总统克林顿在竞选总部前他的支持者们的聚会上发表即兴演说，先是言辞恳切地感谢昨天还在互相唇枪舌剑、猛烈攻击的主要政敌现任总统老布什，感谢布什从一名战士到一位总统期间为美国做出的出色贡献，并呼吁布什和另一位对手佩罗及其支持者与他团结合作，在他任总统的未来 4 年中，在全面振兴美国的大变革中，继续忠诚地服务于祖国。

而远在异地的布什则打电话祝贺克林顿成功地完成了一场“强有力的竞选”，他还调侃地告诫克林顿：“白宫是个累人的地方。”并保证他本人和白宫各级人士将全力以赴地与克林顿的班子合作，顺利地完成交接工作。

这种客气，在某种意义上就是一种付出，精神的付出。竞选的成功与失败，对于布什和克林顿这两个对手来说，欢乐与悲哀都是不言而喻的，但在现实面前，两个对手保持了高度的理智，为双方的成绩表现了超然的风度。

为朋友付出容易，为陌生人付出困难，为对手付出更困难。付出既有物质上的，也有精神上的。当别人有困难的时候，你的一句鼓励就是给予，当别人成功的时候，你的几声掌声就是礼物。一些同行冤家和竞争对手，多采取的是阴险的手段，打击报复，而不知道如何化敌为友。想把对手变成朋友，就要舍得为他“付出”。对方陷入困境的时候，你要保持冷静，不能见机踹他一脚；当你成功的时候，不要在对方面前趾高气扬，克制自己不流露出得意。做到这些就是“付出”，勇敢的“付出”，以减轻对手的敌意。

为竞争对手叫好，并不代表自己就是弱者。为对手叫好，非但不会损伤自尊心，相反还会收获友谊与合作。

为对手叫好是一种美德，你付出了赞美，得到的是感激。

为对手叫好是一种智慧，因为你在欣赏对手的同时，也在不断地提升和完善自我。

为对手叫好是一种修养，是赞赏对手的过程，也是矫正自私与妒忌心理，培养大家风范的过程。美德、智慧、修养，是我们处世的资本。

如何维护利益关系的平衡

阿捷是阿文的好朋友，阿文创业，把阿捷拉过来，给他安排重要的职位。几年后公司发展很快，成为了有名的企业，阿文也发了财。可是阿捷的工资虽然很高，可他心理还是不平衡，他认为他为公司的贡献很大，应该得到更多的报酬。一天，他向阿文提出加薪，阿文答应了，但得等年底。到了年底，阿捷的薪水上涨了不少，可是他又提出利润分成的要求，被阿文拒绝了。阿文说："公司是我的，你不应该有这样的要求。"阿捷说："我是公司的创业者，我出了不少力，如果不是我，你也不会走到今天。"阿文说："你的贡献都体现在薪水上了，你是公司所有员工中薪水最高的人。"阿捷还是坚持要股权，结果两个好朋友闹得不欢而散。

懂得付出才能得到，如果只要对方付出，而自己却喜欢索取，这样只会打破利益关系的平衡，合作是不会长久的。在现实生活中，有的人与他人交往，目的是在于对方有什么利用价值，天天盘算着与人交往会带来什么好处。当对方能满足自己的要求，为自己提供便利时，便心里乐哈哈，与他形影不离，仿佛情深义重。可是一旦对方没有了利用价值，或者遇到麻烦，便推诿责任，退避三舍，甚至落井下石。这实在是一种自以为聪明的愚蠢表现。这样做的结果，无疑向别人表明：自己是多么地无情无义，又是多么地无耻。以后当别人与他交往时，必然会小心提防，以免被其利用。

有一个人利用一位公司的高管老毕手中的权力为自己办事，当对方在位的时候，他对老毕恭维不已，把“真诚合作”几个字挂在嘴上。后来，他听说老毕将退居二线，他的合作的姿态马上就变了，甚至在一次宴请上，竟邀请了老毕单位的一个副职而没有邀请老毕。这件事正好被老毕知道了。不久，退居二线的人名单下来了，老毕不在其中。那个人后悔不已，自己往后的工作很难做了。

在人际交往中，很多事情都是彼此联系、互相依存的。人与人之间不免会有摩擦冲突、明争暗夺。这一切都来源于是吃亏还是占便宜的心理，一切又都结束于吃亏与占便宜的行为。吃亏怎么样？占便宜又怎么样？吃亏了，既获得心灵的平静，又可以获得道义上的支持。一旦对方醒悟过来，你的我的自然一清二楚。相反，占便宜的人，心理上永无宁日，别人的钱财你占有，是何滋味？明白了个中道理，吃亏、占便宜的利害关系也就分得清楚了。

爱因斯坦说：“世间最美的东西，莫过于有几个头脑和心地都很正直且严正的朋友。”真正的朋友把友谊之情永恒化为知心的倾诉，敞开心扉，乐于为对方付出，然后是愉快地享受彼此的劳动成果。

我们给予朋友的，必须是友爱。同时又要尊重对方的付出。

付出是没有条件的，有条件的付出就会变得丑态百出。就说笑容吧，你讨好别人的笑，也能表达你的亲切，但因为缺乏真诚，会变得生硬、勉强，令人厌恶。同样的，心中有所要求，才给予对方好处，对于真正的友谊没有实质性的益处。因为它可能带来更大的欲望，变成一个人对另一个人贪婪地操纵。

无论朋友之间，还是合作伙伴之间，无论你给予与付出的是什么，都应该是发自内心的。

有一则寓言故事，蕴含着深刻的处世哲理。

赵秀才与钱商人死后一起来到地狱，阎王翻看“功德簿”后，对他们说：“你们二人前生没有做什么坏事，我特准许你们来生投胎为人，但现在只有两种做人的方式让你们选择，一个人需要过付出、给予的人生，一个人需要过索取、接受的人生。”阎王说完，便让赵秀才和钱商人慎重考虑后再做选择。

赵秀才心想，前生我的日子过得并不富裕，有时还填不饱肚子，现在准许来生过索取、接受的生活，那样真是太舒服了。他说：“我要做索取的人。”

钱商人看到赵秀才选择了来生过索取、接受的生活，自己只有付出这条人生之路可供选择了，他想自己经商赚了一点儿钱，来生就把它施舍出去吧，于是他心甘情愿地接受了付出的来生。

阎王看他们选择完了，当下判定二人来生的命运：“赵秀才甘愿过索取的人生，下辈子做乞丐吧；钱商人甘愿过付出的人生，下辈子做富豪吧，去帮助别人。”

一个人在选择人生时，其实在选择态度。与人相处，或者与人合作，最佳的方式是不打破利益关系的平衡，换句话说，付出、信任是获得利益的最佳方式。

心理专家建议：

自私的心理调适：

1. 内省法。这是构造心理学派主张的方法，是指通过内省，即用自我观察的陈述方法来研究自身的心理现象。依据社会公德与社会规范的客观标准，经常对自己的心态与行为进行自我观察，加强学习，更新观念，强化社会价值取向，总结改正错误的方式方法。

2．多做有利于他人的事。

3．回避性训练。这是心理学上以操作性反射原理为基础，以负强化为手段而进行的一种训练方法。通俗地说，凡下决心改正自私心态的人，只要意识到自私的念头或行为，就可用系在手腕上的一根橡皮弹环弹击自己，使自己意识到自私是不好的，促使自己纠正。

怎样的吃亏才是最恰当

自诉者：我们在一起干工作，我付出的比他多，可他得到的总比我多。我想不通，凭什么他要比我拿得多？不错，他有技术有才能，但那也不能老是让我吃亏呀。合不来怎么办？分开呗，有什么大不了的。不信没有他，我就发展不起来。我不怕暂时削弱了力量，我可以重新找到合作者。没有什么可惜的，至于品牌问题，那只有打官司来解决了。我不会白白送给他的。

不少事业上的合作伙伴开始创业时，相互扶持，甘苦与共，后来却反目成仇了。

有个人却不一样，他与朋友合伙做生意，几年后一笔生意让他们把所赚的钱又赔了进去，剩下的是一些值不了多少钱的设备。他对朋友说，全归你吧，你想怎么处理就怎么处理。留下这句话后，他就与朋友分手了。显得多有风度啊，没有相互埋怨，这叫“好合好散”。生意没了，人情还在。

有人问小巨人李泽锴：“你父亲教过你怎样赚钱的秘诀吗？”李泽锴说，赚钱的方法他父亲什么也没有教，只教了他一些为人的道理。李嘉诚曾经这样跟李泽锴说，与人合作，假如拿七分合理，八分也可以，那么李家拿六分就可以了。

李嘉诚的意思是，他吃亏可以争取更多的人愿意与他合作。你想想看，虽然他只拿了六分，但现在多了100个合作者，他现在能拿多少个六分？假如拿八分的话，100个人会变成5个人，结果是亏是赚可想而知。李嘉诚一生与很多人进行过或长期或短期的合作，分手的时候，他总是愿意自己少分一点儿钱。如果生意做得不理想，他就什么也不要了，愿意吃亏。这是种风度，是种气量，也正是这种风度和气量，才有人乐于与他合作，生意才越做越大。所以李嘉诚的成功更得力于他的心理平衡法。

吃亏是福，乃智者的智慧。因为这种人心理平衡点是着重长远的利益。不管你是做老板也好，还是做生意场上的伙伴也罢，手下的人跟着你有好日子过、有奔头，他才会一心一意给你干，因为他知道老板生意好了他才会好。生意场伙伴同你做生意赚不了钱，才会朝三暮四。好分好合，你要让他人觉得你是个值得共事的人，这才是成功的处世。

有人与朋友一旦分手，就翻脸不认人，不想吃一点儿亏，这种人是否聪明不敢说，但可以肯定的是，一点儿亏都不想吃的人，只会让自己的路越走越窄。让步、吃亏是一种必要的投资，也是朋友交往的必要前提。为什么呢？在生活中，人们对处处抢先、占小便宜的人一般没有什么好感。占便宜的人首先在做人上就吃了大亏，因为他已经处处抢先，从来不为别人考虑，眼睛总是盯着他看好的利益，迫不及待地跳出来占有它。他周围的人对他很反感，合作几个来回就再也不想与他合作下去了。合作伙伴一个个离他而去，他难以找到愿意与他重新合作的人，他不是吃了大亏吗？

分手，情分不能践踏。主动吃亏，山不转路转，也许以后还有合作的机会，又走到一起。如果你与人分手时，狠狠地捞一把，不管是不是自己的东西，拿上手就是自己的，那么就显得忘恩负义，或者不仁不义。

从心态发展上来看，你老不愿吃亏，老占别人的便宜，会把自己弄得很猥琐。因为便宜被你占尽的时候，也就会觉得自己总在吃亏，心中就会积存不满和愤怒，这对自己也会是很大的伤害。再有，靠坑害朋友聚敛财富的人绝不会有什么出息。因为，他的眼光都集中到收集和占有眼前的每一点微小的利益上，势必影响自己的境界，缺乏向远处、高处看的意识和能力，这种人除非买彩票中了奖，否则是很难获得大的成功和利益。

算计者永不快乐

倾诉者：踏入职场这些年，认识、接触了很多人。有的人能同甘苦，但不能共富贵；有的人能共富贵，但不能同甘苦。有的人可以一起生活，但却不能一起创业；有的人可以一起创业，却不能一起生活。人与人之间除了友谊，还有一份名利，正是这份名利，使人们走进了生活的误区。工作的时候总要互相争斗，甚至互相算计，即使你不想算计别人，别人也要算计你，因为你倒了，他便可以少一个竞争对手！人性的这一切，归根到底都是名利所害！因为有名利，所以有纷争，因为有纷争，所以我失去了快乐。

美国心理专家威廉通过多年的研究，发现算计者90%以上都患有心理疾病。这些人感觉痛苦的时间和深度也比不善于算计的人多了许多倍。换句话说，他们虽然会算计，但却没有好日子过。

威廉认为，凡是太过于算计的人，都是活得相当辛苦的人，又总是感到不快乐的人。在这些方面，他有许多宝贵的总结。

一个太能算计的人，通常也是一个事事计较的人。无论他表面上多么大方，他的内心深处都不会坦然。算计本身首先已经使人失掉了平静，掉在一事一物的纠缠里。而一个经常失去平静的人，一般都会引起较严重的焦虑症。一个常处在焦虑状态中的人，不但谈不上快乐，甚至是痛苦的。

爱算计的人在生活中，很难得到平衡和满足。反而会由于过多的算计引起对人对事的不满和愤恨，常与别人闹意见，分歧不断，内心充满了怨妒。

爱算计的人，心胸常被堵塞，每天只能生活在具体的事物中不能自拔。习惯看眼前而不顾长远。更严重的是，世上千千万万的事，爱算计者并不是只对某一件事情算计，而是对所有事都习惯于算计。太多的算计埋在心里，日积月累便是忧患。忧患中的人怎么会有好日子过？

太能算计的人，也是太想得到的人，而太想得到的人，很难轻松地生活，往往还因为过分算计引来祸患。

太能算计的人，必然是一个经常注重阴暗面的人。他总在发现问题，发现错误，处处担心，事事设防，内心总是灰色的。

太能算计的人，心率的跳动一般都较快，睡眠不好，常有失眠现象伴随。消化系统遭到破坏，气血不调，免疫力下降，容易患神经性、皮肤性疾病。最可怕的是，太能算计的人，目光总是怀疑的，常常把自己摆在世界的对立面。这实在是一种莫大的不幸。太能算计的人骨子里还贪婪，拥有很多的想法，这些想法成为算计者挥之不去的念头，像山一样沉重地压在心上，生命变得没有色彩。

而更有趣的是，威廉自己曾经就是一个极为算计的人。他知道华盛顿的哪家袜子店的袜子最便宜，哪怕只比其他店便宜几分钱。他知道全城，哪家快餐店能比其他店多给顾客一张餐巾纸，甚至公共汽车哪路比哪路便宜 5 分钱，什么时候看电影门票最低等。

正因为这样，威廉得了一身病。30 岁之前，他总与医院打交道。当然，他也知道哪一家医院的药费最便宜。不过那时他没有一天好日子过，更不要说快乐了。物极必反。威廉在他 32 岁那年终于醒悟了。他开始了关于“能算计者”的研究。追踪了几百人，结果得出了惊人的论述：“凡是太聪明、太能算计的人，实际上都是很不幸的人，甚至是多病和短命的。”

一个喜欢算计别人的人是不会去爱别人的，因为爱需要付出，需要包容，需要在受到误解的时候一笑而过，在误解了别人的时候敢于批评自己。

一个人的成功，很大程度上靠的是别人的支持与帮助，因此，为了提升个人的竞争力，获得成功，就得胸怀宽阔，不断地运用有效的沟通方式和技巧，随时有效地与他人接触沟通，接受别人观点与看法，或者让对方接受自己的观点与看法。

怎样解开嫉妒的结

一位经理被杀，案子很快破了，凶手竟是被害人的朋友 K。人们大吃一惊，因为他们俩平时相处得特别好，而且被害人过去对 K 关照很多，送过不少钱物给他，这些大家都是清楚的。人们很困惑，是什么原因导致朋友反目？一位记者去狱中了解罪犯杀人的动机。问罪犯为什么杀害对自己非常友好的朋友。罪犯流下了痛悔的泪水，只说出了两个字：“嫉妒！”他嫉妒朋友有钱，嫉妒朋友事业成功，嫉妒朋友人际关系好。他在与朋友的比较中相形见绌，感到自卑，于是总希望朋友身上出点事情，例如发生车祸，或者违法犯罪被公安机关抓去。可是朋友却一直生活得很好。嫉妒的心理让 K 变成了心怀歹意的人，他的精神分裂了，盼望有个人去杀死朋友。有一天，却是自己充当了杀手。

别人成功了，发财了，不要妒忌。妒忌最容易使自己的心理失去平衡，甚至心理变态，行为失常，做出本不该做的事情。现实生活中经常有人因妒忌而引起利益冲突，破坏了人际关系。

什么是嫉妒心理？日本《广辞苑》对嫉妒下的定义是：“嫉妒是在看到他人的卓越之处以后产生的羡慕、烦恼和痛苦。”该定义认为羡慕心理是嫉妒心理的产生基础之一。

《牛津英语词典》对嫉妒所下的定义是：“由于怀疑、忧虑或知道有竞争者而产生的心理状态，表现在爱情方面：惧怕在感情上被别人替代，或者对心上人的忠诚的不信任，尤其是对妻子、丈夫和恋人。”很显然，这一定义是从竞争出发，从爱情方面所下的一个嫉妒定义，其局限性显然是很大的。

《心理学大词典》中对嫉妒的定义是：“与他人比较，发现自己在才能、名誉、地位或境遇等方面不如别人而产生的一种由羞愧、愤怒、怨恨等组成的复杂情绪状态。”这个定义的特点是综合了嫉妒被广泛认同的特点，具有很强的包容性。

你容易嫉妒他人吗？大多数人被问到这个问题时，总是难以立刻回答。似乎，在许多人的心目中，“嫉妒”是不好的词，它代表着心胸狭小、没有气量。

嫉妒如同毒蛇一样啃噬着人们的心，困扰着人们的情绪，这种纠结的心情，甚至会使人做出非理性的行为，破坏了人际关系和亲密关系。

事实上，我们大多数人，几乎都有过嫉妒的经验，心理分析大师弗洛伊德曾说：“嫉妒是感情状态之一，就像忧郁，是正常的反应。”他甚至认为，自认为从不嫉妒的人，可能是自欺欺人，不然就是压抑这种感觉或故意忽视。

在人成长的过程中，嫉妒是大多数人必经的课题，是正常的感情状态，不见得全是负面，但是当它侵犯到我们的理智、困扰了我们的情绪，甚至危害到自己和他人的关系时，我们就必须正视它的存在，并且勇敢地面对这个警讯，而不要让自己被嫉妒情结捆绑。也可以说，只有当我们建立较高的自我价值，并将指责的、占有的、束缚的爱放掉时，才能重新在自我里寻找到真正的力量。

嫉妒是一种害人害己的危险心理，要克服人性的这些褊狭、自私和平庸的弱点，就应该用人类的智慧和知识来充实自己，使自我的内心世界更加丰富。如此，也才能摆脱强烈妒意产生的情绪困扰。

如果说嫉妒心理代表着一种平庸和狭隘，那么能够积极地容纳别人和欢迎别人超越自己的态度则代表着一种高尚和睿智。

在工作和生活中，每个人都要在具有竞争气氛的环境中客观地对待自己，摆正自己的处世态度。不要把身边优秀的人仅仅看成是与自己有竞争关系的对手，而要看成是促使自己进步的动力。在与他人相处的时候，不要仅仅拿自己的长处和别人的短处去比较，而要注意发现别人的长处，弥补自己的短处。只有这样，才会有长进，才会使自己达到一个更高的境界。

如何避免小事引起的烦恼

晚上，小龙和小马两人喝啤酒时因小事而翻脸，小龙就在朋友面前说小马品行不好等坏话。第二天上午小马在公司质问小龙为什么胡说八道。小龙说他没有说什么，或者是酒喝多了，开了什么玩笑吧。他们在一定要弄出个是是非非的时候，却忘记了一件重要的事，定于这天上午共同去见一个港商。当他们突然想起这件事，急忙往约会地点跑的时候，人家港商早就走了。小马打电话给港商，编造了一个迟到的理由。可港商说："算了吧，我怕以后合作中你们违约，又像这次约会迟到一样，找出理由。"小龙和小马面面相觑，尴尬不已。

利益有大有小，我们不必为小利而算计，但生活中一些小事，它却牵涉着大的利益。处理小事不慎，可能失去大利益。在生活中，应摆正自我利益与他人利益之间的关系，当注意身边的小事，绝不可在阴沟里翻了船。

美国的吉布林和他舅舅打了维尔蒙有史以来最有名的一场官司。吉布林娶了一个维尔蒙的女子，在布拉陀布造了一所漂亮房子，准备在那儿安度余生。他的舅舅比提·巴里斯特成了他最好的朋友。他们俩一起工作，一起游玩。

后来，吉布林从巴里斯特那里买了一点儿地，事先商量好巴里斯特可以每季度在那块地上割草。一天，巴里斯特发现吉布林在那片草地上开出一个花园，他生起气来，暴跳如雷。吉布林也反唇相讥，从此他们的关系乌云笼罩。

几天后，吉布林骑自行车出去玩时，被巴里斯特的马车撞倒在地。这位曾经写过"众人皆醉，你应独醒"的名人也昏了头，告了官。巴里斯特被抓了起来。接下去是一场很热闹的官司，结果使吉布林携妻永远离开了美国的家。而这一切，只不过为了一件很小的事——一块小花园。

哈瑞·爱默生·富斯狄克讲过这样一个故事："在科罗拉多州长山的山坡上，躺着一棵大树的残躯。自然学家告诉我们，它曾经有过 400 多年的历史。在它漫长的生命里，曾被闪电击中过 14 次，它都没有屈服。但在最后，一小队甲虫的攻击使它永远倒在了地上。那些甲虫从根部向里咬，渐渐伤了树的元气，虽然它们很小，却是持续不断地攻击。这样一棵森林中的巨木，岁月不曾使它枯朽，闪电不曾将它击倒，狂风暴雨不曾将它动摇，却因一小队用指头就能捏死的小甲虫，倒了下来。”

在生活中点滴小事使我们难以忘怀，可有时又因为一些小事，会使一些朋友反目成仇。可是仔细想想，为了一件小事心理失衡值得吗？我们何不化干戈为玉帛，大事化小，小事化了呢？我们难道想天天生活在争吵中吗？何不对每个人谦让一些，使自己的生活变得充实、快乐。

在利益面前坚忍退让，可能成为决定成功的要素。暂时放下眼前的小利，便有机会抬头望向前行的道路。

小事糊涂，大事清楚，是真聪明！潇洒的前提是大度，是“宰相肚里能撑船”！站得高，看得远，不被眼前的得失蒙蔽，自然能在人世间“潇洒走一回”。

小事需要关心，因为小事不解决会演变成大事，但对于一些无关紧要的小事，视而不见，可安心地把精力用在大事上。

小事聚集多了，就会像乱麻一样缠住自己，使你的心理失去平衡。在小事与大事之间找到平衡点，即权衡利弊，实现人生成本的优化。

如何让对方看重你的热情

袁宁和小葛是大学同学，毕业后分在了同一个城市。才华横溢的小葛进入一家小公司从事技术工作，袁宁则创立了自己的公司。袁宁看重小葛的才华，但却对他很冷漠，虽曾是同学关系，毕竟自己现在是公司老总，而小葛不过是靠一技之长糊口的打工仔。袁宁的公司需要小葛这样的人才，但他不愿主动向小葛提出，有一天，袁宁听到了小葛被某一家公司挖走的消息，心一下子冷了。他埋怨起小葛，要跳槽为什么不向他打个招呼？小葛也曾想过给同学干，可是一见到他冷漠的样子，就不敢提出自己的想法了。袁宁好像被小葛得罪了似的，对小葛更加冷漠起来。小葛也觉得袁宁这样的人不值得交往。两个人的关系走到了尽头。在一次项目竞争中，袁宁的公司败了，而他的对手正是小葛的公司，并且小葛在竞争中是个关键性的人物。袁宁失利之后，住进了医院。

在工作和生活中，你与人相处，你的热情是你重视对方的一种表现，这会让对方感之于心而发于情，从而对你产生很深的好感。

王嘉廉是一位美籍华人，C A公司的创始人。作为软件业的大腕，他被誉为是“华人中唯一可与比尔·盖茨抗衡的人”。在他的公司，员工的忠诚度相当高，令其他企业界人士十分羡慕。他建立员工忠诚度的办法是什么呢？除了给予员工高于同行的待遇外，还有一个秘诀：让员工时刻感到受重视、受关注。

比如，琼是一位在台湾出生的普通电脑程序员，在一般公司，像她这种基层人士是没有多少机会跟高层领导打交道的。一次，她跟王嘉廉以及王嘉廉的哥哥碰巧在电梯中相遇，王嘉廉向哥哥介绍她时，她发现，王嘉廉对她的工作及个人状况相当了解，这让她产生了一种被重视的感觉，不禁受宠若惊。还有一次，在闲聊中，王嘉廉问她会不会烧冬瓜。她说会，并且说这是她很爱吃的一道菜。过不久，她收到王嘉廉在自家后院种的一只巨无霸冬瓜。这虽然是件小事，却让她非常感动。

另一位华裔林女士说：“查尔斯（王嘉廉的英文名）比我们的直接上司还容易相处。他知道你是谁，关心你的生活，他能照顾到每一个人，这真是很不容易。我的一些朋友在大公司做事，上层管理人员知道员工名字的很少，而查尔斯不但知道关于你的一切，还和你轻松地开玩笑，这是很令人开心的事。”

有一次，王嘉廉在公司餐厅表扬总部30多位任职满10年的员工，并每人赠送一只昂贵的劳力士表。林女士也是其中之一。当有人问及林女士拿到劳力士手表有何感受时，她说：“戴劳力士或戴三块钱的表，对我来说没有什么差别，但在精神上却深感满足。你知道只要认真做事，老板就不会亏待你。直属上司知道你在做事，老板也会知道。在公司内被上司认可与重视，比物质上的回馈更为重要。”

让对方感受到你的关注并不难，只要你真的把他放在心上，不经意间就会流露出来。其中，记住对方的名字，了解他的生活与工作情况，这很重要。

肯定同事的成绩，即使与工作无关，也能够成为你与他建立友好桥梁的机会。发挥你心思细腻的特点，观察他最得意的方面，如穿衣品位，爱好兴趣，工作态度，办事效率甚至他那让人羡慕的健康等等，哪怕是不经意的一句话，就能表明你对他的关心。

很多时候，一些人抨击他人只是出于证实自己的能力。比如他说你在计算机方面很笨，而他的确在这方面是个行家，那么与其和他争辩你在这方面并不外行，倒不如承认他的特长和能力，这既会平息冲突，也会让对方在感觉你的低调处理的同时有所歉疚收敛。让人三分不为懦。退一步，即使他只想炫耀什么，那么适当地捧他一下，又有什么坏处？

如何以感情的投入换来利益

公司越来越不景气，工人的工资两个月未发了。老板想，为了减少支出，必须裁员，但是得以员工违反劳动纪律为由。于是他制定了一项“铁的纪律”，只要谁迟到了5分钟，就罚款100元。而公司的活不紧，经常停工，加上工资几个月未兑现，所以工人上班积极性不高，这样，违反劳动纪律的现象很普遍。老板抓到违反纪律的人，不仅把他炒了鱿鱼，还从其工资上把违纪罚款的钱扣下，这样他完成了裁员的目的，并少付了很大的一笔钱。

不少人在工作上和生活上抱着“有事有人，无事无人”态度，把别人看成受伤后的拐杖，身体康复后随手扔掉。这种人迟早也会被别人抛弃。

人与人之间没有互信互助，则没有互惠互利；没有较深的感情，则难得彼此的信任。所以，在工作与生活中要重视感情投资，不断与人增强友谊。人是感情的动物。你在感情账户上储蓄，就会赢得对方的信任，那么当你遇到困难或求人办事，需要对方帮助的时候，就可以得到由这种信任换来的有力的支持。

“生当殒首，死当结草”、“女为悦己者容，士为知己者死”等等，这些都是经常进行感情投资的结果。刘关张桃园三结义后，加深着感情的往来，关羽千里送嫂夫人，没有一点儿闪失。关羽战死，刘备哭昏了过去，执意去报仇。乱出兵虽然是不理智的行动，但从情义的层面上看，他何尝不是一个重情重义的人？还有《水浒传》中的宋江，他对于感情投资更是一个行家里手，见到好汉就送银子，就请客埋单，到他落了难将被处决的时候，那么多兄弟来营救。如果他是个小气鬼，不注意平时与人交往，他的人头早落地了。

现代企业管理注重以人为本，作为老板，要舍得感情投入，不要总是高高在上，要抛弃传统观念，树立服务意识，这是重要的心理平衡点。

金钱未必能令每一个人满足，但真情却是每一个人都需要的。企业留人，很重要的一点就是情感留人。商界传奇人物史玉柱旗下的巨人集团曾在1997年陷入困境，面临破产，史玉柱惨到连自己的手机费都交不起，可他手底下竟有24名员工不肯离去，继续和他待在一起艰苦奋斗。难道这些人是为了挣史玉柱的钱么？显然不是，这是史玉柱的人格魅力吸引住了他们，是史玉柱早期情感投入的结果。

威罗比·马柯米克一手创办了世界著名香料公司——马柯米克公司，创业之初，他取得了一定的成绩，但他却是个彻头彻尾的独裁经营者，由于管理方法已经远远落后于时代，加上决策失误，他走向了艰难的困境。除非将所有员工的薪水减去10%，否则，公司的收支将无法实现平衡。他忧郁过度而病倒了。不久，他眼看着面临危机的公司，感到十分绝望，在一天黄昏流着眼泪撒手人寰了。

临危受命的是老马柯米克的侄子查理斯·马柯米克先生。查理斯先生出任公司董事长，上任伊始，他召集公司全体员工，非常诚恳地说："从今天开始，所有员工的工资均增加10%，工作时间缩短。我们公司的命运完全担负在诸位的双肩上了，希望大家努力工作，力挽狂澜，拯救自己的公司。"

在场的公司员工们简直不敢相信自己的耳朵，个个呆若木鸡，百思不解。因为困难摆在眼前，就当时的恶劣情况而言，将公司员工的薪水砍掉10%尚不足以渡过难关，谁会想到新董事长查理斯先生却给大家加薪10%，而且工作时间大大缩短。

当员工们终于明白新主管加薪之举是为了表示他对全体员工的完全依赖时，没有人不感动，也没有人不觉得受到了尊重。公司上下立即士气高涨，结果在短短一年时间里，马柯米克公司就扭转了亏损局面。公司总会遇到挫折，每当此时，尤其是碰到较大的困难时，老板在悲观失望的思维定式中，首先想到的往往是减薪裁员，而减薪裁员将使员工那本就脆弱的心理再受打击，谁还会和老板同心同德呢？

查理斯·马柯米克先生的智慧在于，虽然面临危机，却没有武断地做出减薪裁员的决定，反而给员工加工资并缩短工作时间，设法激励员工产生高昂的士气，以期收到上下一心、同舟共济的效果。10%的额外薪资成本，换来的是巨大的无形资产——员工士气，这不单单是金钱所能衡量的。裁员还是加薪？相比之下，孰优孰劣，不言而明。公司面临危机时，他懂得感情投入，可谓洞察人心的高手。

与人相处，无论是朋友之间也好，还是上下级之间也好，彼此尊重对方，才会赢得对方的尊重。你要舍得感情投入，把真情奉献出来，这样对方就感到你是他真正的朋友，一颗受到了尊重的心，会迸发巨大的力量。

在感情与利益之间，绝对有一个平衡点，就看你如何去发现和把握。在做决定的时候，你要充分考虑到对方的承受能力和接受能力，既要考虑自己的利益，也得考虑对方的利益。

把自尊放在什么位置最恰当

她长得很漂亮，被老板看中了，在私人宴会上，她坐在了老板的身边。她很激动，因为她从老板的目光和眼神中读到了自己将成为老板的大红人，不久将会拥有她朝思暮想的位置，那里将有她想得到的利益。老板喝多了，要她陪他去公司拿份文件。她当然愿意，于是搀着老板喊停了一辆出租车。到了老板的办公室，她突然意识到了什么，她想到自己不能就这样成为老板的情人，可是迟疑间老板已对她动手动脚了。她惊叫了一声。老板放下她，然后对她许以种种好处，她的心软了，身子像一摊泥一样倒在老板怀里站不起来……

在利益和生存面前，该把自尊放在什么位置。这是许多人思考的问题，也是让一些人背负精神压力的原因。我们必须要在利益与自尊之间找个平衡点。有时不得不委曲求全，有时却万万不可失去尊严。

有一个中国留学生，她在对待利益和自尊的问题上，有自己的尺度。

2004 年 3 月的一天，她怀揣着仅够半个月生活费用的 400 英镑踏上飞往英国的航班。她选修的是地产评估学，为了不落后，她每天凌晨四点就要起床背那些枯燥乏味的房产法律条规，一天只有四五个小时的睡眠时间。即使这样，她还需要每天抽出 5 个小时打零工，维持基本的生活费用。

她跟一个来自中国某省的女孩筱筱成了好朋友，有时她们会被邀请参加当地人家的聚会。她总是抓紧这种时间多吃些蔬菜和水果。平时超市里色彩诱人的苹果是她的最爱，但一看价格，她就不敢问津了。有一次意外得到一个苹果，她还专门跑到学校机房，通过摄像头大口吃给爸爸妈妈看，视频里妈妈泣不成声。

而在她打工的那家餐厅里，即使客人没动一下的食物，最后也要全部丢掉，如果谁偷吃一口，轻则马上被开除，重则会被警察罚款。她亲眼见到一个在这里端盘子的印尼小女孩，因为工作到后半夜实在太饿，就偷偷咬了一口客人吃剩下的点心。结果小女孩被警察带走，关到第二天早上才放出来。听说餐馆老板扬言要起诉她，小女孩觉得这是个很缺乏人情味而伤害自尊的地方，于是离开这里，换了一份替人照看小孩子的工作。

为了省钱，她和筱筱在学校附近合租了一套低廉的学生公寓，她们平时一起练口语、做试题、背条规。彼此之间也暗暗竞争，常常打工回来还要各自温书一两个小时才睡。第一个学期，因为考试她高烧一场，烧到 40℃，连续一周没退，考试前两天还在打工，直到连走路和坐着都有困难才没去干活。考前她吃了超出一倍剂量的退烧药，才勉强支撑着上了考场。两个小时里，冷汗湿透了她的衣服。结果成绩下来她仅得了 B，筱筱得了 B +。自从那以后，她发奋苦读，总是拿班级第一。

地产评估是个热门专业，竞争可以用惨烈来形容。只有 2/5 的学生能够毕业。她亲眼看见筱筱和一位男老师亲热，还有一次将一个成绩名列前茅的女孩子的课堂笔记拿走。筱筱投怀送抱，大概是为了老师给自己开绿灯吧。这是私人问题，她不好责备筱筱，但她问筱筱拿别人笔记本干什么，筱筱说借来看看。后来她在垃圾桶里发现了笔记本的碎片。她生气地问筱筱为什么这样做，筱筱面不改色地告诉她："在国外无论是生存还是留学，竞争就是这样冷酷无情，谁都想花最少的精力得到最大的成功。"见她不以为然，筱筱还说："你在这里多待些日子就会明白了，大家为了好名次，各种手段都会使出来。"

学校会定时聘请一些著名测量师行的权威来给她们讲课。有一次，世界排名第三的英国保柏测量师行一位著名评估师在课堂上提出一个问题：如果有一份高档地产，你是地产评估师，如何实现地产的价值最大化。言下之意，就是问她们是否会通过抬高估价，达成与房主的利益双赢。

她的回答是不。评估师问她："为什么，难道为雇主争取利益最大化不是雇员的基本义务吗？"她简单而又郑重地回答："良心。没有良心，就会失去自尊。"

心理学认为自尊是一种精神需要，是人格的内核。维护自尊是人的本能和天性。正确的原则是：从实际的需要出发，审时度势，准确地把握自尊的弹性，认清自尊的需要和交际需要两者之间的关系。

第六章　宽容与计较

工作与生活中被人排斥常常是因为别人有戒心，态度不友好。人难免犯错误，但对待错误的方式有两种：一种是不敢面对，设法回避；一种是承认错误，并希望得到别人的原谅。而对待别人的错误也有两种态度：一种是抓住不放；一种是分析错误的原因，适当的时候表示自己的善意，给予宽容，诚挚地进行沟通，这样自然就会相互尊重多了，隔阂少了，心境自然会变得平静。

别让他人的失礼伤害你

一次朋友聚会上，大家开玩笑，谈起谁怕老婆，小谢说："在座的最怕老婆的是小郑，老婆一声吼，小郑就要抖三抖。"小郑脸刷地红了。其实是说者无心，而小郑却听者有意，认为小谢是故意当着大家的面羞辱他，他受到了伤害，端起酒杯，把酒泼向了小谢，当时小谢非常地难堪。小郑小谢一对本来要好的朋友，却被这件事闹得不开心。

伤害有故意的，也有无意的。人与人相处，一句话、一个动作都可能造成对某人的伤害。在一个模特儿的事业成功之际，朋友们为她举行了庆祝宴会。可是在宴会上，这位春风得意的小姐突然听到一个朋友正大声宣布一个她发誓永远不告诉别人的秘密："她现在多苗条啊！要是你们两年前看到她是什么样子，那可就妙了。她现在的身材是花了整整一个夏天进行减肥才得到的。"大家屏息听着，有的人发出了吃吃的笑声。女模特羞得无地自容。

两位外科医生碰到了一个棘手的病症，一位训练有素的护士在休息时间向他们提出了一项高明的治疗方案，她说："为什么不试试这个方案呢？"一个外科医生马上打断了她的话，说："因为我还记得你上星期填错了一个病人的病历卡。"这位护士羞得满脸通红，无言以答。

离开饭桌之前，丈夫为了在他们夫妇俩请的客人面前显示一下慷慨大方的气度，在桌上留下了20美元的小费，可是他的妻子一把夺过钱，大声嚷道："这饭店的服务并不怎么好！"丈夫只好赶紧溜之大吉。

还有一些喜欢和别人捣蛋的人，他们可能是你的朋友、同事或者是你的亲人，他们在公共场合把你突然推到尴尬的境地，他们提起一件你讳莫如深的往事，有恃无恐地出你的丑，或是公开你的隐私，或是谈论你干过的傻事和闹出的笑话。如果这时你生了气，他就会说："这只是开开玩笑，你太神经过敏，太缺乏幽默感了。"

爱德华·格罗斯是华盛顿大学的社会学家，他对人们处在尴尬境地时的各种表现研究了二十多年，他指出："人们在公开场合被羞辱，通常并不认为是玩笑，或者是微不足道的小事。当人的感情受到伤害时，我们中的大多数人会十分愤怒，表现得张口结舌或满脸通红。但是我们可以用另一种比较聪明的解决办法——保持沉默，或者设法改变你的处境。"

别花太多的时间为你受到的伤害而烦恼，不要苦思冥想"为什么这样的人要对我如此不怀好意"这类问题。也许有些是故意使你感到窘迫的，因为他们觉得你对他已造成了威胁，或者是想惩罚你曾经做过对不起他的事；而另一些人是习惯于开这类玩笑的，他们毫不考虑别人是否受到伤害。对于这类人，没有必要去计较他是否是故意的。

佛罗里达大学的心理学家巴里·舒兰克说："完全没有必要去追究一个人的所作所为是否别有用心。"相当可能的情况是他压根儿没有意识到你会受到伤害。当你向他指出失礼的言行后，这位愚蠢的冒犯者通常会向你致歉。当然，怎样摆脱窘迫的处境，要依情形而定。如果你的上司在你的同事面前动辄责备你时，你可以心平气和地严正指出："我们是否可以私下谈谈这个问题？"

同样地，伤害你的人是你的配偶或朋友时，你可以说明你觉得多么尴尬、为难甚至是痛苦，远比以同样的方法去回击对方要好得多。如果这个人继续不分场合地使你窘迫难堪，你可以明确指出："我觉得以后很难再信赖你。"

有时遇到有人故意羞辱你，你可以采用比较激烈的方法，必须使这种羞辱立即停止下来，说：“你已经设法使我难堪了，你不介意告诉我这都是因为什么缘故吧？”或者说：“你似乎心烦意乱，是不是我有什么事使你不高兴？”

不管怎么做，避免冲突，千万别发火，如果失去了泰然自若的态度，你只能使对方占上风，使别人对你产生不满情绪。

相当多的时候，最好的办法是靠急中生智和幽默感化解尴尬。

培养和保持健康的性格，在日常生活、学习和工作中，学会疏导内心的愤怒，别人的失礼，出于无意，不要神经过敏，无须非要讨个说法。不理智的行为会让小的伤害变成大的伤害。不要把一切都怪罪于他人，在讲原则的基础上学会灵活地处理问题，善于与人合作，通过宽容对方而得到对方的尊重。如果真的是自己错了，要真诚面对对方而取得谅解或理解，不钻牛角尖。学会绕过生活的礁石，使自己最终成为一个独立的、亲切的、稳定的、诚实的、坚强的、活泼开朗的人。

消除因别人的伤害带给你的烦恼

她喜欢上了一个男孩，爱是无罪的，尽管自己比他年纪大。她向他暗示了几次。他明白了她的意思，他说：“姐，我也喜欢你。你不会嫌弃我的学历低吧？”她的爱被他接受了，内心灌满了幸福感。很快，她就与他同居了。她的收入从此完全成了两人世界的生活开支。这样的日子只维持了一个多月。一次，男孩与朋友聊天，没有发现她在一旁。朋友问男孩为什么喜欢上一个比自己年纪大的女人。他说：“谁说我喜欢？我是和她玩玩。”她听到这话如五雷轰顶，差点当场晕过去。她痛悔不已，爱变成了恨，她冲上前甩了男孩两个耳光，然后永远从男孩面前消失了。从此她一个人以泪洗面，沉浸在痛苦之中。

有一个美国女孩被人强暴了，非常痛苦。她找到心理医生，希望得到救助。一见到心理医生，她就哭了，并泣不成声地说："我好惨呀，我多么不幸呵，我这一辈子都忘不了这件事情了……"

心理医生当即严肃地对她说："小姐，你被强暴是你自愿的。"

听到这话，这位小姐吓了一跳，说："你说什么？我怎么可能自愿被强暴？"

心理医生对她说："你被他强暴一次，但在你的心里天天心甘情愿地被他强暴一次，那你一年下来，就被他强暴了365次。"

"这是怎么回事呢？"女孩不解地问。

"在你身边发生了一件不好的事情，你好像看了一场不好的电影一样，天天在回想，这不是很笨的事情吗？这与重蹈覆辙有什么区别呢？"

是啊，你改变不了环境，但你可以改变自己；你改变不了事实，但你可以改变态度；你改变不了过去，但你可以改变现在；你不能控制他人，但你可以掌握自己；你不能预知明天，但你可以把握今天；你不可能样样顺利，但你可以事事尽心；你不能延伸生命的长度，但你可以决定生命的宽度；你不能左右天气，但你可以改变心情；你不能选择容貌，但你可以展现笑容。

事实上，人的注意力是有限的，当你在注意一件事情的时候，就注意不到其他事情。所以，从抑郁中摆脱出来的方法并不复杂，只要你脑海中的"电影"改变了，你不要再在脑海里重放你不喜欢的细节了，去放一部新的、喜欢的"电影"，就很容易改变这种情况。

英国作家萨克雷有句名言："生活是一面镜子，你对它笑，它就对你笑；你对它哭，它也对你哭。”确实，不管你生活中有哪些不幸和挫折，你都应以欢悦的态度微笑着去面对。

下面介绍几条原则，只要你反复地认真地执行，就可能减轻或者消除你的烦恼。

要朝好的方向想。有时，人们变得焦躁不安是由于碰到自己所无法控制的别人伤害你的局面造成的。此时，你应承认现实，然后设法创造条件，使之向着有利的方向转化。此外，还可以把思路转向别的什么事上，诸如想一想令人愉快的事情。

不要把眼睛盯在“伤口”上。如果受人伤害的烦恼的事已经发生，你就应正视它，并努力寻找解决的办法。如果这件事已经过去，那就抛弃它，不要把它留在记忆里，尤其是别人对你的不友好态度，千万不要念念不忘，更不要说：“我总是被人曲解和欺负。”当然，有些不顺心的事，适当地向亲人或朋友吐露，可以减轻烦恼造成的压力，这样心情会好受一些。

要意识到自己是幸福的。有人伤害了你，在烦恼侵入时，总觉得自己是天底下最不幸的人，谁都比自己强。其实，事情并不完全是这样，也许你在某方面是不幸的，在其他方面依然是很幸运的。如上帝把某人塑造成矮子，但却给他一个十分聪明的大脑。请记住一句意味深长的话：“我在遇到没有双足的人之前，一直为自己没有鞋感到不幸。”

清除伤害、平复创痛的处方是你自己。

怎样“教会”别人尊重你

倾诉者：我真心想把工作做好，所以我一般比别人上班早。可是我的领导却认为我是在单位里享受公家资源，例如空调、电脑等。我备受打击，从此恨起领导，巴不得在他身上出点儿麻烦事。他不尊重我，我也会不尊重他，他安排给我的工作，我不再像以前那样不折不扣地完成，而是采取敷衍的办法，胡乱地去做。我看见同事与他打得火热，我就说些讽刺话，刺激他们，让他们感到难受。这种变化，让我在人们面前成了神经质的“陌生人”。

不被尊重，容易造成心理失衡，引起精神疲倦、烦躁不安，有可能在工作中释放出来，对待工作三心二意，对待同事可能会出现语言简单生硬或不理睬、不耐烦，最终导致彼此的伤害。

韦恩·戴尔指出：“我从诉讼人和朋友们那儿最常听到的悲叹所反映的就是这些问题，他们从各种各样的角度感到自己是受害者，我的反应总是同样的，告诉他们：是你自己教给别人这样对待你的。”

盖伊尔找到心理医生韦恩，因为她感到自己受到专横的丈夫冷酷无情的控制。她抱怨自己对丈夫的辱骂和操纵逆来顺受。她的3个孩子也没有一个对她表示尊重。她已经是走投无路了。

她对韦恩讲述了她的身世。韦恩听到的是一个从小就容忍别人欺负的人的典型例子。从她性格形成的时期开始，直到结婚为止，她的行动一直受到她的极端霸道的父亲的监控。没想到她的丈夫也和她父亲一样，因此，婚姻又一次把她推入陷阱。

韦恩对盖伊尔指出，是她自己无意之中教会人们这样对待她的。这根本不是他们的过错。她不久就理解了，那么多年她一直是忍气吞声，实际上是自己害了自己。她调整心理平衡点的方法是：从自己身上而不是从周围环境来寻找解决问题的途径。盖伊尔于是设法向她的丈夫及孩子们表明，她不再是任人摆布的了。她丈夫最拿手的一个伎俩就是向她发脾气，对她表示嫌弃，特别是当孩子们或者其他的成年人在场的时候。过去她不愿意当众大吵一场，因此对丈夫的挑衅总是毫无办法。现在，她要完成的第一个任务，就是理直气壮地和丈夫抗争，然后拂袖而去，当孩子们对她表现不尊重的时候，她坚决地要求他们要有礼貌。

在采取这种有效的态度后，不久盖伊尔高兴地向韦恩汇报，她的家庭对她的态度发生了很大的变化。她通过切身经历了解到，的的确确是自己教会别人怎样对待自己的，三年之后，她已经很少再被别人欺负、被人不尊重了。

她还懂得了，自己解救自己的关键是：用行动而不是用语言去教育人。如果打算通过一次冗长的讨论来让人理解你不愿再受侵犯的重要信息，那么你得到的好处将仅仅局限在你和欺负你的人之间的谈话过程中，也许你还会和欺负你的每一个人进行多次“交流”，但是必须等到你学会了有效的行动方式，否则你仍然会受到烦扰。这就证明，一个人表明决心的行动胜过千百万句深思熟虑的言辞。

韦恩指出：“许多人以为斩钉截铁地说话意味着令人不快或者蓄意冒犯。其实不然，它意味着大胆而自信地表明你的权利，或者声明你不容侵害的立场。”

下面就是一些策略，你可以运用这些策略来告诉别人如何尊重你。

尽可能多地用行动而不是用言辞做出反应。如果在家里有什么人逃避自己的责任，而你通常的反应就是抱怨几句然后自己去做，下一次就要用行动来表示，如果应当是你的儿子去倒垃圾而他经常忘记，就提醒他一次。如果他置之不理，就给他一个期限。如果他无视这一期限，那么你就不动声色地把垃圾倒在他的床头。一次这样的教训，要比千言万语更能让他明白你所说“职责”的意思。

拒绝去做你最厌恶的、也未必是你的职责的事。两个星期不去洗衣服，看看会发生什么情况。如果你能付得起钱，就请个保姆帮你做，要么让家里其他成员自己动手照料自己。一般来说，家里一切繁重的活都由你干，仅仅是说明你已经向别人表明你会毫无怨言地接受这些。

斩钉截铁地说话。即使是在可能会显得有些唐突的场所，毫无拘束地对服务员、售货员、陌生人、秘书、出租车司机说话，你必须克服胆怯和习惯心理。

不再说那些招引别人欺负的话。“我是无所谓的”，“我可没什么能耐”或者“我从来不懂那些法律方面的事”，诸如此类的推托之辞，就像是为其他人利用你的弱点开了许可证。

冷静地指明别人不当的行为。当你碰到吹毛求疵的、好插嘴的、强词夺理的、夸夸其谈的、令人厌烦的以及其他类似的欺人者，冷静地指明他们的行为。你可以用诸如此类的话声明：“你刚刚打断了我的话”，或者“你埋怨的事永远也改变不了”。这种策略是非常有效的方式，你表现得越平静，对那些试探你的人越是直言不讳，你处于软弱可欺的地位上的时间就越少。

心怀坦然。不要为人所动，也不要对自己所采取的果断态度感到内疚。如果有人对你做出受了委屈的表情，向你说好话，或给你好处或表示生气时，你不要感到不好受。

再完美的人也无法赢得所有人的好感，别太在意别人对自己的评价，别给他人羞辱自己的机会。

如何表示你的歉意

陈容答应为左伟顺路买一张火车票，可是陈容却忘记了这件事。左伟向他要火车票，他尴尬地说：“哎呀，我忘记了。明天你自己去买吧。”左伟埋怨陈容做事太不讲信用了。陈容说：“这跟信用无关，是我忘记了。你不原谅我就算了。”陈容反而觉得自己好委屈，没有完成左伟交办的事，竟让对方如此计较。不久，陈容反思这件事，又觉得的确是自己不对，可又不好意思向左伟道歉，越不好意思道歉越害怕见到左伟，以致两人成了陌路。

生活中，不犯过失的人是没有的。然而有了过失并不可怕，可怕的是我们在过失后不去表示自己的歉意，不做一些补救。其实，犯了过失以后真诚地表示歉意，并尽力做一些弥补，过失就会变得微不足道。人们会记住你的真诚而忘掉你的过失。

飞机起飞前，一位乘客请求空姐给他倒一杯水吃药。空姐很有礼貌地说：“先生，为了您的安全，请稍等片刻，等飞机进入平稳飞行后，我会立刻把水给您送过来，好吗？”

15分钟后，飞机早已进入平稳飞行状态。突然，乘客服务铃急促地响了起来，空姐猛然意识到：糟了，由于太忙，自己忘记给那位乘客送水。她小心翼翼地把水送到那位乘客跟前，面带微笑地说：“先生，实在对不起，由于我的疏忽，延误了您吃药的时间，我感到非常抱歉。”这位乘客指着手表说：“怎么回事，有你这样服务的吗？你看看，都过了多久了？”空姐手里端着水杯，心里感到很委屈，无论她怎样解释，这位挑剔的乘客都不肯原谅她的疏忽。

接下来的飞行途中，为了补偿自己的过失，每次去客舱给乘客服务时，这位空姐都会特意走到那位乘客面前，面带微笑地询问他是否需要水，或者别的什么帮助。然而，那位乘客余怒未消，摆出一副不合作的样子，并不理会空姐。

到达目的地前，那位乘客要求空姐把留言簿拿来，很显然，他要投诉这位空姐。此时空姐心里很委屈，但是仍然不失职业道德，显得非常有礼貌，而且面带微笑地说道：“先生，请允许我再次向您表示真诚的歉意，无论您提出什么意见，我都将欣然接受您的批评。”那位乘客脸色变了，想说些什么，可是却没有开口，他接过留言簿，开始在上面写了起来。

等到飞机安全降落，所有乘客陆续离开后，空姐这才忐忑地打开留言簿。这时她惊奇地发现，那位乘客在本子上写下的并不是投诉信，相反，这是一封热情洋溢的表扬信。

在信中，空姐读到了这样一句话：“在整个过程中，你表现出的真诚歉意，特别是你的12次微笑，深深打动了我，使我最终决定将投诉信写成表扬信！你的服务质量很高，下次如果有机会，我还将乘坐你们这个航班。”

有一种人，当做出了对不起别人的事情时，会找出一些借口，尽可能去回避，但内心并不会因回避就得到平静。

做错了事情不如去真诚面对，请求对方原谅。虽然求人原谅有一定的心理压力，但可以用行动弥补自己的过错，得到对方的宽容。你要是躲避你得罪的人，不仅烦恼不会消失，往往还会受到理性的自责。

一个人如果不敢向他人表示道歉，后面可能有一个消极、悲观的设想，比如会想，“如果他拒绝我怎么办？”“他不会原谅我的”等等，设想阻碍了自己去向被自己伤害的人道歉。如果你不怕拒绝，可能会使你更有勇气。“拒绝是别人的不对，而道歉我已做到了。”这样把精神包袱丢给了人家。想到拒绝也会有好的结果的时候，就会敢于接受拒绝了。

不原谅朋友还会原谅谁

左伟安排的行程，就因为陈容没有为他买火车票而耽误了，他很生气，他说：“陈容是个不值得交往的人，朋友交办的事，竟然丢到九霄云外去了。和这样没有信用的人相处，只会吃亏，不会有好处。”他为这件事耿耿于怀，不想再见到他。后来，他回忆起陈容过去的为人，觉得他并不是个不讲信用的人。或许那天他事情太多，真的把买火车票的事忘记了。这时，他想去找陈容说已经原谅他，可是他又想，陈容一点儿都没有向我表示歉意的意思，我为什么先要原谅他？

原谅与容忍是一对孪生姐妹，经常原谅别人的人有容忍他人的能力；学会容忍的人容易原谅他人。原谅是真爱，它比爱情、友情本身要付出更多的时间与感情，它是痛苦的，也是美丽的。宽容不等于失去，原谅不等于忘怀，只要我们真的原谅一个人时，也给自己在别处开了一扇窗。原谅有时也是一种解脱，让自己把一切看清楚，让自己的心放个假。

在生活中，被自己信任的人“出卖”的事件为数不少，如你向密友倾诉的秘密被他告诉了别人；你很意外地发现了一个工作机会，告诉你的同学你要去应聘，等你去面试时却发现同学已经捷足先登等等。这类事件发生在你身上，你自然是无辜的，也是受害者。因此，要学会保护自己，免受他人过度的伤害。

小李应该原谅朋友，宽容可以加强朋友的关系。另外，从此要注意保护好自己的隐私，不要给别人犯错误的机会。朋友之间彼此分享隐私应该有个限度，知道了别人隐私的同时，也有了替人保密的义务和替人解忧的责任。所以，你在和朋友谈及自己的私事时要考虑到他能否承担这些额外的压力。

如果事情发生了，则要把事情发生的原因尽量归因于偶然事件，不要以偏概全，得出人人都不可信的偏激结论。在事情发生之后，要用积极的态度与行动去应对。比如，交给朋友办的事，他说忘记了，而不是故意的，你当然可以相信他的话，朋友照样相处，对方是不是有信用的人，看以后的发展。

最后，与人相处不要把对方理想化和绝对化，世间很少有绝对的善和恶。要能容忍别人的过错，你对人越宽容，得到的回报就越多。

如果你的朋友、同事无意中伤害了你，你在恼怒之前，不妨认为他也是无辜的。从这个角度去理解和解决问题，要比反击、报复以及无休止的争论要强得多。如果你能挖掘对方某种行为中隐藏的积极因素，那么你就会大大消除出现敌对场面的可能性，从而减弱攻击的心态。

不要害怕承认自己不对。生活中许多人都有很强的自我保护意识，一遇他人无意伤害，便认为是对自己不怀好意，于是去打击、迫害与否定对方，几句话不投机，就剑拔弩张、反唇相讥。事实上，很多反目成仇的原因，恰恰是一方或双方过于敏感，不能摆正自己与对方的关系，以至于心理失去平衡，不能接受别人正确的意见，从而使自己的人际关系越来越差。

如何防备不健康的心理

自述者：我们系的主任姓史，每次见到他，就怒从心中起，恶向胆边生，恨不得立即上去抽他几个耳光。为什么？我也不知道，有一天我去敲响史主任的家门时，我清晰地听到了自己的心跳，开门的是一个和我年龄不相上下的美女。看到她，我才知道什么叫惊艳。瞬间发呆之后，她问我找谁？我支吾地问："史主任在家吗？"她看了一眼我手中提的东西，然后以一种轻视的目光瞟了我一眼，冲屋里喊："爸，找你的。"说完就走了，门也不关，也不请我进屋。

站在大大的客厅里，看着装潢和摆设，我有一种羡慕，有一种嫉恨，还有一种幻想，如果我把史主任的女儿娶过来，将来这就是自己的家……

每个人都会与他人进行人际交往，这是人们进行广泛社会活动的基础。有良好心理素质的人，在与他人交往过程中能充分发挥语言功能，展示自我。相反，心理状态不健康者，在与他人交往中会不时地出现心理不平衡，阻碍人际关系的发展，这样的人也难以适应社会。因此，人们在日常工作和生活中应该注重自身修养，努力克服人际交往中的病态心理。

个人的自我敏感性、价值取向与社会行为有着一定的内在联系。所谓社会行为，是指包括助人行为在内的一切有益于社会的个体行为；自我敏感性，是指一个人关心自己的问题，感到需要别人的帮助，以及的确得到别人的帮助后的心理感受；价值取向，是指在适应社会过程中逐渐形成的、相对稳定的评价事物的标准和态度。高度的自我敏感性可以外化为对他人的敏感性，即“人人为我，我为人人”，但也可能成为一种只顾自己的倾向。

那么什么样的心理状态会影响人际交往呢？举例如下：

心理上有自卑感：有些人容易产生自卑感，甚至瞧不起自己，只知己短不知己长，甘居人下，缺乏应有的自信心，无法发挥自己的优势和特长。有自卑感的人，在社会交往中办事无胆量，习惯于随声附和，没有自己的主见。这种心态如不改变，久而久之，有可能逐渐磨损人的胆识、魅力和独特个性。

常常产生怯懦：主要见于涉世不深、阅历较浅、性格内向、不善辞令的人。怯懦会阻碍自己计划与设想的实现。怯懦心理是束缚思想行为的绳索，理应抛弃。

无端猜疑他人：有猜忌心理的人，往往爱用不信任的眼光去审视对方和看待外界事物，每每看到别人议论什么，就认为人家是在讲自己的坏话。猜忌成癖的人，往往捕风捉影，节外生枝，说三道四，挑起事端，其结果只能是自寻烦恼，害人害己。

抱有成见和排他心理：对他人抱有成见，因此对任何事情，不管是非曲直，你说好，他偏偏说坏；你说一他偏说二，你说辣椒很辣，他偏说不辣。这种心理容易模糊是非曲直的严格界限，常使人产生反感和厌恶。人类已有的知识、经验以及思维方式需要不断地更新，否则就会失去活力，甚至产生负效应。排他心理恰好忽视了这一点，它表现为抱残守缺，拒绝拓展思维，促使人们只在自我封闭的狭小空间内兜圈子。

利用他人和作戏心理：有的人认为交朋友的目的就是为了“互相利用”，因此他们只结交对自己有用、能给自己带来好处的人，而且常常是“过河拆桥”。这种人际交往中的占便宜心理，会使自己的人格受到损害。有的人把交朋友当作是逢场作戏，往往朝秦暮楚，见异思迁，且喜欢吹牛。这种人与人之间的交往方式是得不到真正的友谊和朋友的。

冷漠心理：有些人对与自己无关的人和事一概冷漠对待，甚至错误地认为言语尖刻、态度孤傲、高视阔步就是“个性”，致使别人不敢接近自己，从而失去了更多的朋友。

可以采取以下办法防止不健康心理的产生：

1．培养乐观、自信、积极的生活态度。

2．使自己的活动、生活内容多样化。

3．提高对挫折的耐受力。人生遭遇挫折在所难免，应以积极的方式应对。

4．换一种眼光看待周围世界。生活中不乏真善美，只是需要我们用心去体会。对生活很冷漠的青年应善于从亲人的安慰、朋友

的关怀、师生的情意中去寻求温暖、抚慰，相信人间自有真情在，使冷却的心重燃青春火焰。

5．及时运用心理平衡法，自觉摆脱不健康心理。当出现情感冷漠、意志淡漠、观念成见的苗头时，应及时对自己施加一些积极的暗示，如“这只是暂时的，很快就会过去”、“这样下去很危险，会毁了自己”、“做人应该大度”等。同时，有意把自己的注意力转移到一些自己胜任且又有乐趣的活动，特别是在欢乐、美好的集体活动中，这样做对于恢复自己生活的热情和希望大有益处。

怎样理解别人的批评

面试官问小曹：“你跳槽的主要原因是什么？”小曹回答：“上司喜欢批评人。有一次，公司来了一个客户，谈了一会儿，他离开后忘记把皮包拿走，我连忙拿上包去追赶他。回来后，上司却批评我处理方式不对，应该先打手机给对方，征询对方的意见，‘是送包下楼，还是你亲自上来拿？’我很生气，因为我的处理方式并没有造成什么不良后果，那个客户非常感激我跑下楼把包送给他，他对我表示感谢。我在这样的上司身边干，感到压抑、委屈，所以出来了。”面试官笑了笑，他认为不会理解与接受批评的人，是很难与人相处的，工作上也很难出色，所以没有录取小曹。

在工作和生活中，只要你与人接触，就难免被人批评，受人指责。你越是有成绩越易受到别人的妒忌和非议。别人心理失去了平衡，但你不能失去心理平衡。你觉得别人对你的批评不对，你得宽容人家，进行有效的解释；别人批评是正确的，你就要请求对方原谅和宽容。

历史上许多成就卓越的著名人物都被人骂过，例如美国的“国父”

乔治·华盛顿曾经被人骂作“伪君子”、“大骗子”和“只比谋杀犯好一点儿”。《独立宣言》的撰写人托马斯·杰弗逊曾被人骂道：“如果他成为总统，那么我们就会看见我们的妻子和女儿成为合法卖淫的牺牲者；我们会大受羞辱，受到严重的损害；我们的自尊和德行都会消失殆尽，使人神共愤。”杰弗逊非但没有被批评、辱骂所吓倒，反而更加保持乐观和自信的态度，做出了影响深远的成就。

其实，一个人名望、地位越高，骂他的人就越容易从中得到满足。英国国王爱德华八世(即温莎公爵)年轻时在一所海军军官学校读书。有一天，一位海军军官发现年仅14岁的温莎王子在哭，就上前问他什么事情，他开始不肯说，后来迫不得已才说了真话，他被几个军校的学生踢了。指挥官把所有的学生都召集起来，向他们解释尽管王子没有告状，但他很想知道为什么这些人要这样虐待温莎王子。

这些学生推诿拖延了半天之后，终于承认：等他们将来成了皇家海军的指挥官或舰长的时候，他们希望能够告诉大家，他们曾经踢过国王的屁股。

无论你是被人踢了还是被人恶意批评也好，请记住，他们之所以做这种事情，是因为这件事能使他们有一种自以为重要的感觉，这通常也就意味着你已经有所成就，而且值得别人注意。很多人在骂那些教育程度比他们高的人，或者在各方面比他们成功得多的人的时候，都会有一种满足的快感。正如哲学家叔本华说过的那样：“庸俗的人在伟大的错误和愚行中，得到最大快感。”

马修·希拉绪指出：“只要你超群出众，你就一定会受到批评，所以还是趁早习惯的好。”

情感智商高的人，往往从积极的方面把握心理平衡点，理解别人的批评，包括那些不公正的责骂。他们会把别人的批评，看作是改进自己工作、完成个性、克制情绪、提高心理承受力以及激发斗志的机会。

斯泰里 16 岁的时候，在一个大五金商号里做店员，这正是他所希望的一个职位。他的前途是光明远大的，他努力工作，各方面尽心学习，盼望着自己将来做一个成功的五金销售员。他以为自己是上进的，但是他的上司却看法不同，经常批评他，到后来，甚至要踢他出门。

“我不用你了，你是绝对不会做生意的。你到塞强铸造厂找一个工作吧。你那种蛮力，除了做那种工作之外，没有什么前途。”

一个年轻人受到如此大的侮辱，能接受吗？然而他却接受了这样的谩骂和打击。想到自己可能的确做得很不好，于是他反思自己在工作中的表现，从一点一滴做起。他越来越受到老板的好评。后来，他成了五金商号的经理。

如果斯泰里不从正面接受老板的批评，以改进工作表现赢得老板的原谅，他可能会一走了之，那样他可能真的去做了苦力活。

在宽容别人与得到别人原谅之间，是有一个平衡点的，这就看你如何去把握它。只有宽容别人，才能得到别人的原谅。人与人的看法与观点不同，而冲突不断，如果不正面对待，就会完全被情绪支配，以为自己是正确、不容侵犯的。心被所谓的尊严包裹着，封闭着自我，就无法面对他人的指责和批评。

有的人喜欢指出别人的过错，这种人是难得的，哪怕对方对你是恶意的指责，但只要你确实有过错，还得感谢他。如果你是一位领导，对指责的人发脾气，那么这种情绪只会让下级对你更加不满。你是将怒气全部发泄到下级身上，还是自我反省，及时检查自己的过错？善于把握心理平衡，以积极的态度处理人际关系的人肯定会选择后者。在适当的时候放低姿态，换回的是爱戴。

永不落伍的“三顾茅庐”

自述者：我是为公家办事，却要看领导的脸色。例如解决资金问题，老总有他的想法，我陈述了自己的观点，他说那不值得考虑。他没有说请坐，我不敢贸然坐下；他没有敬茶，我也不敢说自己口渴。一个求人的人，不管有多大能耐，在被求者面前，都要自认低人一等。向对方来一番奉承，送几顶高帽；为自己道几句难处，叹几声困境。但他的态度傲慢，架子大，明明他一个电话或一张字条就可搞定的事，他却说这事如何难办……我灰心丧气，有一种屈辱的感觉；我恨他……

韩非子曾指出，要紧紧抓住对方内心，靠的不是渊博的知识，而是准确地掌握对方的心理。他的话大意是：说服之难不在于见多识广和表达方式，也不在于有否直抒己见的胆量，而在于看透对方的内心，并在此基础上巧妙地提出自己的看法。

人的心理十分微妙，即使同样的一句话也会因对方的情绪变化而得到不同的理解。读懂对方的内心才能控制其情绪的变化，如果你在交往中稍有不慎，那么对方就永远不会向你打开心扉。

菲力斯东是美国燧石橡胶公司的创始人。公司刚成立时，设备十分简陋，只有屈指可数的几个工人，而且研制工作进展得很不顺利。一天，在一家酒店里，菲力斯东遇到了一个落魄的发明家罗唐纳。此人曾取得新式橡胶轮胎的发明专利权，并拿着设计图样和专利证书正在找开发新产品的橡胶巨子史道夫。

罗唐纳满以为能高价卖出自己的专利或得到史道夫合作生产的认可，没想到，他得到的只是一个侮辱。史道夫轻蔑地看了一下他的图样，然后扔在地上，说：“你是个骗子，随便寻来一些小孩子都可以弄的玩意儿来骗我的钱！”罗唐纳气得眼泪都出来了，他为了证明自己不是骗子，拿出了专利证书。史道夫不屑一顾地瞥了一眼专利证书，揉搓几下又塞进罗唐纳的口袋里，说这是吓唬土包子的，审查专利的都是些外行。

罗唐纳遭到这样的污辱，内心很受打击，发誓今后再也不搞发明，整天以酒浇愁，穷困潦倒。菲力斯东听说罗唐纳有一个发明专利，顿时兴起合作的念头，忙上前与他攀谈。谁知罗唐纳只是冷冷地瞥了他一眼，根本不理睬。因为罗唐纳所受的那次羞辱被人们当成笑谈，使他的性格变得更孤僻，对任何人都不敢信任。

菲力斯东不愿放过这个机会，第二天专程到罗唐纳家拜访，却被拒之门外。

菲力斯东想，一个有才能的人在受到打击之后变得孤傲、冷漠，不是很自然的事吗？那么，自己一定要用诚意打消他的疑心，使他心理获得平衡。于是，他蹲在罗唐纳门外，耐心地等待罗唐纳回心转意。他不吃不喝，整整等了一天，又饿又累，几乎支持不住了。

到了下午 6 点多钟，罗唐纳终于出来了。菲力斯东大喜过望，蓦地站起来，正要迎上前去，突然眼前一黑，险些栽倒在地，幸好罗唐纳赶上前把他搀扶住了。

罗唐纳终于被他的诚意所感动，决定帮助他大干一场。后来，菲力斯东运用罗唐纳的发明，制造了蓄气量大且不易脱落的橡胶轮胎。产品上市后，受到广泛的欢迎。凭借这一基础，燧石橡胶轮胎公司迅速发展壮大，成为美国最大的轮胎公司之一。

怎样才能使别人接受自己呢？应该先进入对方的内心世界引发其产生心理动摇。如果你对他的“入侵”超过了一定程度，一般人都会产生心理动摇。

你还可以使对方感觉到你十分同情他的处境。如果对方因为遭遇挫折而不言不语或顾左右而言他，你不妨表示同情，比如对他说，如果我处在同样的环境遇到同样的事情，肯定也会失败。这样对方心理平衡了，就会担心自己再保持沉默就会被你误解，从而与你展开交谈。

其实，即使认为是同自己没有关系的事，只要具备一定契机和理由，人们大多会像对待自己的事一样做出积极的姿态。所以说，能否感化别人不在于理论，而在于情感、需求、本能等所谓的行为动机。虽然在理论上认定某事与自己无关，但如果受到情感或需求上的强烈诱惑，他就会不由自主地被卷入其中。

大多数人会以“就是不喜欢”或“没什么理由，就是不相信”为由来拒绝对方的劝说。这时，首先就应当考虑如何唤起其行为动机。虽然人的思维方式会随着时代而改变，但情感、需求、本能等本质的东西是不容易改变的，即便是年轻人也会接受行为动机的引导。尤其在公司，如果能形成发现问题并主动解决问题的积极的工作氛围，情形就会大不一样。

争吵过后如何补救

自述者：她是我的朋友，她丈夫是我的同班同学，有一天我利用他们夫妇来我家玩牌的机会，提出共同做一笔生意——没有他们的社会背景，这笔生意就做不成。他们俩同意了。大家都非常兴奋。接着我把我该出的本钱拿给了他们。我完全信任他们，相信他们也会拿出同样多的资金。可是后来，他们拿出的本钱只有我的一半。生意做成功了，但是利润却平均分配。我不服气，认为他们拿多了，因为我出的钱多。他们说虽然现金比我出得少，但他们凭关系拿到了充足的货。我还是心理不平衡，计较他们耍滑头，结果发生了争吵。后来，我还想与他们做生意，却不好意思开口了。

一个人的财富在很大程度上是由与他关系最亲密的朋友决定的。

第一次听到这个观点时，我十分怀疑。但是，后来的一次经历使我体会到了这个论断的真正含义。

在一个主题为“创造财富”的论坛的讨论会上，一个发言人在演说过程中向听众提出了一个问题。他说：“请大家拿出一页纸，然后在纸上写下和你相处时间最长的 6 个人，也可以说是与你关系最亲密的 6 个朋友，记下他们每个人的月收入。然后，算出这 6 个人月收入的总和，最后算出他们月收入的平均数。这个平均值便能反映出你个人月收入的多少。”

这个游戏的本质意义，那就是交际的力量，即结交朋友的重要性。中国有句老话：“近朱者赤，近墨者黑。”美国也有句谚语：“和傻瓜生活，整天吃吃喝喝；和智者生活，时时勤于思考。”这两句话所讲的道理是一样的，都是告诉我们择友的重要性。朋友的影响力非常大，可以潜移默化地影响一个人的一生。

朋友、同事之间，千万不要为利益计较，一计较就像一盘菜里落进了灰尘，那就难吃了，所以吵归吵，不能老是抓着问题不放。头一天争了几句，第二天见面，就应该好像前一天没有发生争吵一样，尽可能改变话题，而不要接着昨天的话题继续往下说。

争吵是伤害朋友感情的，但争吵的时候，把窝在心里的话倒出来，也不一定是一件坏事，所以不能以为一旦发生了争吵，两个人的关系便笼罩了阴影。想一想过去的友谊，再针对冲突的性质找到心理平衡，处理起来就不会伤害对方，伤害自己。

首先要消除因为争吵而产生与对方决裂的想法，然后弄清吵架的原因。假如你与同事的争辩十分滑稽可笑的话，它很可能自然而然地过去。或是你们俩在某个观点上意见不统一，其实这些问题都没什么大不了的。更多的时候，不是任何人的错，或是两个人都有错，或是没人能真正搞清是谁的错。不去追究，才是言归于好的奥妙所在。

寻找和尝试言归于好的办法。吵架后，同事彼此之间会直接出现一种心境——担心。大多数人最担心的是遭到拒绝。深呼吸，让自己轻松一下，这偶然的行为会帮助你和同事驱散紧张的气氛。

迈出第一步。你一旦告别恐惧和担心，那么和同事的交谈就会更容易些。别等同事来找你，能迈出第一步是至关重要的。如果你让争吵恶化，那么你们两个人会一起失去友谊。如果你们言归于好，你们就都是胜利者。不要等待别人解决问题，你自己应负起责任。时间不等人，你越快越好。

循序渐进。不能假装什么事都没有发生过，需主动去尝试，用积极的态度唤起彼此的信心。“嗨，还生气呢？”“喂，有空咱们聊聊。”假如你面对面地向对方提问，不妨带着真诚的微笑。

倾听彼此的心声。假如你们双方都坚信自己正确的话，那么很难听进对方的倾诉。但是你如何弄清同事的感受呢？你可以开诚布公地说：“我想听听你的意见，告诉我你是如何想的，好吗？”而且当对方谈话时，不要打断他或是与其争辩，让他感到你尊重他，也许矛盾好解决一些。

试一试制订“争吵法则”：

⊙任何争端事出有因，不能借题发挥，故意制造事端。

⊙不能和任何人发生肢体冲突，除非出于自卫，否则绝对是最疯狂的行为。

⊙不搞人身攻击。比如，有人很介意别人叫他“大头”，结果你偏偏不知好歹，即使对方明知你是开玩笑，还是会恨你入骨。

⊙不要透露你在某方面根深蒂固的偏见或意识形态，比如，种族好恶、性别歧视等，通常，这类争执会让你成为众矢之的。

⊙当你在与对方的较量中占得上风时，千万不要得意扬扬，表现出高人一等的样子，否则，对方看在眼里，恨在心上，就会想方设法奉还屈辱。如果你向对方表示尊敬之意，表明自己只是侥幸取胜，对方也许会怨恨顿消。

在与人交往中造成了冲突，本来你的目的是使事情对自己有利，而不是为自己树敌。从利益出发，主动求和以减轻敌意，以免发生更激烈的冲突，造成两败俱伤的结局。毫无疑问，这是处理矛盾的最佳平衡点。

第七章　面对与回避

处理工作和生活中的一些问题，该面对的不回避，但只要大前提不受影响，在非原则问题方面无须过分坚持，睁只眼闭只眼，以减少自己的烦恼。

如何对待是非不清的问题

秘书郑云所在的公司里，总经理下设两名副总经理。当总经理透露他将要离职，正职将从两名副总经理中产生的消息后，两名副总经理为了能得到这个职位，开始了明争暗斗，郑云则两头受气。

两名副总经理先后找郑云谈话，拐弯抹角打探消息，希望从郑云的嘴里，听到对方的负面意见。而在工作中，遇到事情，两名副总经理背着老总互相推诿，在老总面前，两人又一团和气。有的工作，郑云传达多遍，他们却跟总经理说郑云没有通知，总经理责备她办事不力，郑云感到很委屈，经过考虑，她只好跳槽了。

有时需要去面对，有时必须回避，这是多少人生活的经验，也是达到心理平衡的理智选择。生活中很多人都会有这种切身的体会：在某些特殊的场合，说话要谨慎，要像收紧的小口袋那样，将想表达的意思好好地组成合适的语言，且用合适的语气表达出来，切不可张嘴就说，说过后又不负责任，不认账。要知道这样会给自己惹出一些不必要的麻烦，还会损害自己的名声。

所以，对于口无遮拦的人，切记要谨慎，管好自己的嘴，否则会误事的。

有位企业人力资源部部长讲过这样一件事：一天，她办公室来了一位应聘的年轻人。表面上看去很内向，回答问题时，显得有些木讷嘴笨。但在十几分钟时间里，竟然抢着别人的话题说了不该他说的话。于是，她果断地判断这是个爱管闲事、口无遮拦又缺乏经验和修养的人。于是对他说："请到其他单位去试试吧。不过，我想送你一句话：今后无论你在何处高就，都要谨慎开口，不该说的话半句也不说，该说的话一定要认真、诚恳地说好。好吧，你走吧……”真是一位心肠太软的女士，宁可得罪一个人，也要想办法帮助一位青年改正自己的缺点。

试想，如果这位年轻人依然我行我素，还能找到理想的工作吗？还能受到朋友的喜欢吗？人们都说：“人言可畏。”要知道那些可畏的“人言”正是从“快嘴”“油嘴”中溜出来的，如果扎紧了“快嘴”、“油嘴”，闲言碎语就少了，是非也会少许多，烦恼自然也会少了许多。

与朋友在一起聊天时，我们经常会为无谓的小事“抬杠”。争辩的结果也许能分出胜负，但绝对不会有助于增进彼此的感情，相反，还会伤害彼此的感情——争辩的程度越厉害，对彼此的精神伤害就越大。

为了一时的痛快或为了面子而争辩，即使你在争辩中获胜，心里得到了暂时的满足，但你却会失去对方的感情——他们即使表面上服了你了，内心却会更加厌恶你。所以，这时，看起来是你胜了，其实是你败了。

斯蒂夫·哈德逊是一个为专业运动员和商界精英服务的私人教练，他说：“当我对是非问题尚未弄清原因前，我就送人一份礼物——沉默。”他被人们认为是一个最了不起的倾听者。他的训练效果有一半得归于他的倾听能力，而沉默是这种能力的表现之一。他训练他的客户对沉默表示尊敬。他说：“如果你和一个重要的人在一起，你所要做的仅仅是保持沉默，让他们说话，去思考，让他们打开心扉，把那些一直想说但却常常被别人的高谈阔论吓了回去的东西讲出来。何况一开始你并不明白他们所讲的真正含义，乱插嘴是不讨好的。当我保持沉默的时候，是一种纯粹的自我，开始与自己对话，它引导着我，给我以心灵的触动。我静默下来的时候，我可以听到一个人的声音透露出几种含义，我从这些含义里进行分析，找到我认为真实的东西。”

在生活中我们毕竟不是对所有的是非问题都能区分清楚，甚至可能根本没有真正的是非，而却被有人胡言乱语闹出了是非。那么，不想说话就不说吧。在多说无益的时候，也许沉默就是最好的解释。如果和别人发生意见上的分歧，甚至造成言语上的冲突，你会闷闷不乐，因为你觉得都是别人恶意。别再耿耿于怀了，回家去擦地板吧。拿一块抹布，弯下腰，双膝着地，把你面前这块地板的各个角落来回擦拭干净。然后，重新反思自己在那场冲突中所说的每一句话。现在，你发现自己其实也有不对的地方了，是不是？你渐渐心平气和了，是不是？

认真倾听别人的讲话。在倾听时，要眼神专注，当对方叙述完后，对于是非问题，说不清就不要乱说。

向上司提意见时，一定要留有充分的余地，给上司留下考虑的时间。对上司一些明显的错误意见，应尽可能在无人的场合，或是在他高兴的时候委婉提出，不要用否定的口气，而应用提示的口气。给上司提方案时，应提出有各种可能性的方案，包括这些方案的长处和短处，以供上司选择。

要维护对方的自尊，即使对方不是十全十美。

对于误会，要襟怀坦荡，不要怨天尤人。

信守诺言，不要做传播和制造是非的人。

适合自己的才是最好的

一个女孩的自述：我每一天都在过着自己都不知道是什么样的日子，时间毫不留情地在我眼前走过，想要抓住它，可又不知道该为它做点什么？想不通自己怎么会这样？也许这就是我的生活，可我不甘心。生活，我不知道该怎样理解，别人的生活也和我一样吗？其他女孩也是我这样的吗？我看到的女孩不是这样的，她们个个都像很爱自己的工作。什么时候我才可以找到一份适合自己的工作？好想和别人一样，每天快乐地上班。适合，不错，我发现自己一直都在找适合自己的东西，爱情、工作、生活……

对于你做出的选择必须面对，否则你患得患失，一事无成，经常后悔，这样将会影响身心的健康。在现代社会，成功是多元的，并没有贵贱之分，你得有所为、有所不为，也就是坚守你所坚守的，放弃你该放弃的。一般来说适合自己的、自己擅长的就是最好的，也便是成功的。

奥托·瓦拉赫是诺贝尔化学奖获得者，他的成才极富传奇色彩。瓦拉赫在开始读中学时，父母为他选择的是一条文学之路，不料一个学期下来，老师为他写下了这样的评语：“瓦拉赫很用功，但过分拘谨，这样的人即使有着完美的品德，也绝不可能在文学上发挥出来。”此时，父母只好尊重儿子的意见，让他改学油画。可瓦拉赫既不善于构图，又不会润色，对艺术的理解力也不强，成绩在班上是倒数第一，学校的评语更是令人难以接受：“你是绘画艺术方面的不可造就之才。”面对如此“笨拙”的学生，绝大部分老师认为他已成才无望，只有化学老师认为他做事一丝不苟，具备做好化学实验应有的品格，建议他去学化学。父母接受了化学老师的建议。这下，瓦拉赫智慧的火花一下被点着了。文学、艺术的“不可造就之才”一下子变成了公认的化学方面的“前程远大的高材生”，在同类学生中，他遥遥领先……

瓦拉赫的成功，说明这样一个道理：人的智能发展都是不均衡的，都有智能的强项和弱点，人一旦找到自己智能的最佳点，使智能潜力得到充分的发挥，便可取得惊人的成绩。这一现象人们常称之为

"瓦拉赫效应"。幸运之神就是那样垂青于忠于自己个性长处的人。松下幸之助曾经说："人生成功的诀窍在于经营自己的个性长处，经营长处能使自己的人生增值，否则，必将使自己的人生贬值。"他还说："一个卖牛奶卖得非常火爆的人就是成功，你没有资格看不起他，除非你能证明你卖得比他更好。"

据说，有一次，爱因斯坦上物理实验课时，不慎弄伤了右手。教授看到后叹气说："唉，你为什么非要学物理呢？为什么不去学医学、法律或语言呢？"爱因斯坦回答说："我觉得自己对物理学有一种特别的爱好和才能。"这句话在当时听似乎有点儿自负，但却真实地说明了爱因斯坦充分地把握了心理平衡，否则是受不了教授的责备的。

有个初中毕业生，因为学业不好没能进重点高中学习，父母为此愁得整天唉声叹气。他自己也觉得挺对不住父母，沮丧而不安，感到前途渺茫。

有一天，在美国留学回来探亲的叔叔知道他的情况后，问他喜欢干什么，对哪方面有特别的兴趣和基础？他说，文化功课一般，但一些课余的东西学得很好，比如水果雕刻技术之类。叔叔问："你愿不愿上职业学校学厨师专业？"

当时他一听就直摇头。打从上学起，他就没有把学习与什么厨师联系起来，做厨师，自己没地位不说，弄得父母面子上也不好看。叔叔说，凭本事吃饭，体面地生活，有什么丢面子，这个时代，本事才是面子。在不该讲面子的地方讲面子，将来一定会没面子……

抱着横竖就是一条路的想法，他学起了厨师专业，没想到，学起来挺顺手，挺带劲的，比学文化课顺利多了。几年一晃而过，他进了一家三星级饭店。当他第一次将薪水交给父母时，父母惊讶得差点儿一屁股坐在地上，他们干了一辈子，月薪还没有儿子的尾数多。父母第一次为儿子的前途舒了一口气。闲时，儿子还在家露几手，乐得父母眉开眼笑，邻居都说他有出息，有孝心，羡慕他父母好福气。

成功的人，都是一步一个脚印走过来的，每天用心做好每件事，才能占据走向明天的最佳位置。善于钻营的人也许有左右逢源的能力，但这并不能使他们无往不胜，自身的实力才是成功的必备要素。

多与人交往，敢于和强于自己的人接触，在与成功人士的交谈和探讨中，近距离地认识成功，学习他们历经磨炼的成功经验，这是难得的锻炼与提高自身的机会。

成功学专家Ａ．罗宾曾经在《 唤醒心中的巨人》一书中非常诚恳地说过：“每个人身上都蕴藏着一份特殊的才能。那份才能犹如一位熟睡的巨人，等待着我们去唤醒……上天不会亏待任何一个人，他给我们每个人以无穷的机会去充分发挥所长……我们每个人身上都藏着可以‘立即’支取的能力，借这个能力我们完全可以改变自己的人生，只要下决心改变，那么，长久以来的美梦便可以实现。”

不必在意别人的脸色

她哽咽着，满心的恐惧、满腹的委屈，不敢哭，只好让眼泪流在心里……她完全成了自卑自怜的人，她害怕别人的脸色，她唯唯诺诺、畏畏缩缩、胆小怕事，在生活中丧失了自己的独立意志。上班时想小便，却不敢去卫生间，好像别人会说闲话，一直憋到下班。她总感到好像做了什么错事，受到上司表扬反而很害羞。有时自感到事情真的错了，却不敢面对，偷偷地隐瞒住；当同事们在开玩笑时，她怀疑大家是对她含沙射影，不怀好意。她的自我价值体系已经紊乱，心理失去平衡，因为她总觉得自己不好。

“面子”是一种社会地位，是达到社会所认可的成就而获得的声望。面子问题反映了中国人尊重与自尊的情感与需要，对面子的珍惜和爱护是昭示和维护自己荣誉、身份、地位的直接表现。每一个中国人从小就受到维护面子的心理训练，丢面子就意味着否定自己的才能，这是万万不能接受的。于是有些人为了不丢面子，通过“打肿脸充胖子”的方式来显示自我。

大学生张望认为自己是个善良的男孩，但他又总为自己的“善良”而苦恼。

张望最怕别人向他借东西，这绝不是因为他自私，自己的东西舍不得借人，相反，他内心是非常想把自己的东西借给别人用的。但是当别人向他借东西时，他总担心别人从自己的表情、语言看出一丝不悦——尽管他绝没这种意思。

借东西这种事不是天天发生，张望的烦恼还能够忍受。张望最怕的事情，还是自己日常的言行举止。在表情上，他老担心自己脸上会露出清高、骄傲的神色；走路时，他老怕抬头挺胸，让人觉得盛气凌人；说话时，他怕自己言语不当，得罪伤害了别人；甚至他遇到什么高兴的事，也不敢表露在脸上，怕别人认为自己是扬扬自得。张望曾这样感叹道：“我最在意别人的脸色，也最怕别人的脸色。我总是看别人的脸色行事，生怕引起别人一点儿反感和不快。”

张望日日所怕的所谓“脸色”，其实就是他内在情绪的外部表现。每人每天都要经历许多事，随着各种事的性质及心理经历的酸甜苦辣，人的容颜上会有喜怒哀乐的表现。对此，你看到也罢，看不到也罢，人家的脸色依然是人家自己的脸色，就像人家的呼吸一样，并非是你决定得了的。

别人的脸色，多是别人的情绪外化，并非与你张望有什么关系。晓林今天一脸不高兴，那是因为他与父母发生了矛盾，在怄气，与你张望走路的姿势根本没有关系。这类脸色，你掺和进去干什么？张望觉得人家的脸色不对，觉得是自己走路头抬得过高，可人家压根儿就没有注意到你。你看这不是在自寻烦恼吗？

有时有些人的脸色，可能确实与张望有关，但张望也不必为此惊慌失措。张望可以这样对自己说：“你有不高兴的时候，我也有不快乐的时候；你能给我脸色，我也有脸色，人人都是平等的。”

这样一来，张望就把自己完全摆在了与对方人格平等、身份平等、心理平等的位置上。于是，张望便可镇定情绪，有利于理智地思考和面对。如果对方所给的脸色的确是自己言行失当所致，那就主动改正，如果对方的“脸色”部分有理，那就部分改正。如果对方毫无道理地给人“脸色”，那就应该毫不在意地不予理睬。这种傲然、坦然的人格立场，也是一种恒定的力量，久而久之，给人脸色看的人，也就自觉没趣，脸色也就悄然隐匿了。

对于有心理弱点的人，不必特别在意“别人的脸色”。“别人的脸色”这玩意儿，其实是无所谓“有”，也无所谓“无”的。你若有心注意它，就有，你若无心注意它，就无。

建立起自信，是不在乎别人脸色最可靠的保证。有自信的人，只把心思和精力用于自己该做的事上，用在自己追求的目标和向往的乐趣中，就能与人为善，和睦融洽相处，并能坦然面对非议了。这样的人，永远是快乐者、成功者。

如何处理同事恋情

自诉者：我是一个中专生，一个才貌都不出众的普通女孩，毕业后有幸进入了一家公司，找到一份满意的工作。偶然的一次机会，遇到一位优秀的男孩，与他发展了一段“办公室恋情”。两年了，刚开始战战兢兢，因为公司对这方面的事情，态度有所保留，我进公司不久，怕丢了工作。后来虽然恋情公开，但最近我越来越觉得这种状态不能再维持下去了。我考虑的是影响与前途问题。情感上，我希望是自己离开，理智上，男友离开比较合适，因为他起点比较高，容易谋求一份更好的职业。现在我拿不准主意，要不要跟男友商量迈出那一步？我的工作能力比较强，领导也挺看好我，而且我现在还想读书，因为要不进修的话，迟早有一天要被淘汰。但读本行并不是我的兴趣，我更喜欢书法、乐器方面的东西，我是不是很不切实际？很不理智？

办公室恋情不可一概否定，你得在事业与爱情中有个权衡。真正地爱上一个人，你可以去追求，但婚姻外的恋情，必须理性对待。

如果你和办公室里的帅哥，仅止于花前月下约了几次会，而其中一方已打算中止恋情的发展，你们仍可以恢复同事的关系而不会有太大的副作用；但如果你们已经发展到缠绵悱恻的地步，那么想在工作上不受影响，就不那么容易了。

尽量勿使办公室恋情曝光。如果别人发现了，会猜测你下班后去哪里，而不再关心你的工作表现；如果你是和一位高级主管约会，别人更可能这样想：你是靠男人来提升自己的职位。

尽量别在上班时间碰头并尽量减少独处的时间，而应多花点时间和同事一起用餐，或参与团体活动。

不要把私人事情带进办公室。如果你的确需要在上班时间讨论私事，到外面讨论，去吃午餐，去公园，或者除了你和他的办公室之外的任何地方。

如果你的上司开门见山地质问你，你应该坦白地承认恋情，然后表明，早先你没有告诉他，是因为你不认为这会影响到你的工作表现。结果可能是，如果你说明你自己能控制得很好，主管便会相信你。

恋情发展到一定的阶段，两人都觉得彼此关系已经稳定了，公开恋情不影响两人的关系，这时候不妨选定时机和方式公开。而当你准备公诸于众，做法要有技巧。

维系办公室恋情的关键在于，如何拿捏得当而不致使自己进入死胡同，也不致将自己的事业毁于一旦。

你们应尽量避免太密切的合作。如果你必须评估他的工作，不要对他过于宽待，但也不要矫枉过正，失之过严。

分手必须审慎处理。如果提出分手的人是你，那么，尽可能委婉一些，别伤害对方。你的终极目标是不能让对方四处宣扬，23 岁的广告业务员小丽，在 4 个月的交往后，决定和男友分手时，她向他强调自己真的很喜欢他，但眼前还不是她想要拥有的稳定关系，男友平静地接受了。

当恋情涉及权力阶层时，例如上司如果和下属发生恋情，等于是为自己招惹性骚扰的罪名。女方只要有一丝丝不顺从，便会有失去工作的可能，根本无法证明这是两厢情愿。如果你是和上司约会，你失去饭碗的风险就更大。因为和老板交往的女性不仅会降低专业声望。而且还会让你变得更孤立无援。即使同事们不多说你的坏话，他们可能也会觉得你已不再是他们中的一员。如果是你提出分手，你可能要付出代价。在这个性骚扰诉讼不断的年代，上司被你甩了，难免觉得面子挂不住，他可能无法直接开除你，但是他可以用其他小动作让你不好过，让你在原来的工作上干不下去。

所以，把握自我特别重要。你的心理平衡点，决定了你的处理方式，要么轰轰烈烈地爱一场，要么看重事业、声誉等等，控制好自己的感情。

如果你珍惜自己的工作机会，那么，尽量不要发生办公室恋情。

工作中只有同事没有男女，所有的绅士风度请在工作外使用，工作中只遵守办公室规则即可。

已婚同事请在第一时间告知大家，自己已婚，并在显著位置摆放家庭合影，一些场合携老公（或老婆）出席。

如果已经发生了办公室恋情，请牢记不要在办公区域内有亲昵举动。最好一方离开此公司。

要有坦诚面对错误的勇气

自述：公司的业务上升得很快，而我的业绩尤为突出。骄傲的本性使得我在平时摆出了与众不同的姿态，我看不惯别人的生活方式，认为他们的业余活动都是在浪费时间。我总是想帮助他们，可由于我的干预，事情越办越错。责任在我，我却教训他们，并且我还把错误隐瞒住。冷眼与背后的流言渐渐多了起来，最后，我明显地感觉到连老板也开始对我不满意了。一年多的时间，我走到了悬崖的尽头，不得不离开了。

你要得到上司的赏识，或者要搞好人际关系，为人坦诚是很重要的。但是，人要是想做事就难免犯错误，造成大问题的时候，许多人的做法往往是以隐瞒的手段来应付，久而久之，上司一旦知情，其局面就难以挽回。如果你能主动向上司报告，并有勇于承认错误的精神，会使你显得愈加具有专业素质和职业道德。你一定要正确对待自己犯下的错误！

波普说：“错误在所难免，宽恕就是神圣。”躲躲闪闪不是处理过失的好办法，开门见山说出事情的真相，才是最好的策略。既然事情已经发生，上司迟早都会知道，隐藏或是推卸，都是过错之后再犯过错。一味回避的结果反而有可能弄巧成拙。

也许，问题并不见得如你预想的那么糟糕和严重，尽快找到失误的原因，与上司和同事共同讨论弥补的办法。

坦诚，需要一点儿勇气。多数人在做事之前，想到的是积极的一面，极少会去想“错”的本身，结果，当事情真的出了错，思想上却无法积极面对。

所以，我们需要一些勇气，坦诚地对待问题。详细说明事发背景，表达得越仔细越好，包括你介入此事的时间、心态和认识角度以及你当时的计划，以让大家看清真实的一面，千万不要含糊其辞。

事情做了才会错，不做是绝对没有错的。没有什么不好张口的！也不必担心说出真相来，别人会瞧不起自己，开诚布公地说出一切，上司会感到你具有专业道德，有承担责任的勇气和精神。

最后，你要提出自己的解决方案，并积极听取大家的建议和意见。

人非圣贤，孰能无过。聪明人的可贵之处不是他们不犯错误，而是能在犯了错误之后，接受教训，总结经验，不犯第二次。我们要培养这种素质，犯过一次错之后要敢于说：“这是我第一次犯这个错误，也是最后一次。”接下来的事就是一定要将自己的承诺兑现！

如何分清领导与朋友的关系

公司进行裁员，小孙没有想到自己也在被裁之列，老板把他裁减下去是有原因的，小孙依仗自己是老板朋友，总是趾高气扬，耀武扬威，常常不打招呼就直接往老板的办公室跑，影响了老板的工作。

小孙得到被裁减的消息，简直不相信自己的耳朵，他与老板可是朋友关系啊，老板怎么不讲交情？小孙内心开始不平，眼睛都红了，他骂道："他妈的，这年头人的感情淡薄，眼里只有钱，没有朋友！当年老子死心塌地地为他'打江山'，现在兔死狗烹，竟炒起我的鱿鱼！不仁不义的家伙！"

工作友谊是一种很玄妙的东西，它变化无常，并不安全，也会随着外界的变化而消长往复。

"君子之交淡如水"，把握与上司或者领导之间的距离，是处世的学问，而距离就在淡与浓之间，看你如何去取舍了。

你可以与你的领导交朋友，但是在工作中，你与他的角色是不同的，不能以为自己是领导的朋友就可以在单位或公司里也称兄道弟起来。领导还怎么工作？他怎么去安排他人工作？他怎么处理好与大家的关系？他又如何区分工作人事上的是与非？上班时人与人不是朋友关系，而是同事关系、上下级关系——这应该是你对待这个问题的心理平衡点。

有一个人，上班时喜欢拿着茶杯到老板的身边，找他吹牛聊天。公司来人，他也不回避，仍旧坐在一旁，还不时地插几句，严重地干扰了老板与客人的交流。

像这个人，就是由于在工作时没有做到角色调整，使朋友关系对工作的负面影响增大。如果他的朋友即他的上司指责他上班不应该太亲热，他就极易失去心理平衡，一时接受不了批评，因为他压根儿没有把朋友当上司对待。

如果你的老板非常器重你，经常带你出席各种社交场合。那么，你千万不要得寸进尺，保持适度的距离对你是有好处的。

也许你发现你可能正在成为老板的朋友甚至是哥们，但是你应该把握好尺度。

任何一位领导在对待下级的问题上，都希望和下属保持良好的关系，希望员工对他尊重、服从、喜欢。所以，即使他愿意和部下建立情感沟通，也并不希望超越或取代上下级关系。也就是说，他必须保持自己一定的尊严和威信。

和领导保持一定距离，还有一点需要注意，即注意处理交往的时间、场合、地点。有时在私下可谈得多一些，但在公开场合，在工作关系中，就应有所避讳，有所收敛，否则领导做出对某个人的工作安排或者对某个人的处罚，就会让当事者感觉有你的“阴谋参与”，到时候你吃不了兜着走。

领导再民主也需要一定的威严。当众与领导称兄道弟只能降低老板的威信，并且其他的同事也开始对领导的命令不当一回事。

当领导发现他的工作越来越难做，而最终他发现是你破坏了他必要的威严，那么，等待你的将是被领导疏远。你更不要试图更多地参与领导的私人生活。隐私对一个人来说是必要和重要的。也许领导在某些时候，对你没有什么戒备，让你进入了他的私生活，但你不可从此就随便走进他的私生活。

和上司交朋友的最佳状态，是业务上的朋友和工作上的挚友。

拥戴上司的领导地位，维护上司在员工心中的形象，这是一个称职下属应该具备的人际素质。无论与上司的私交如何亲密，都不应在工作场合表现出来，把握自己的角色定位，与上司保持足够的距离。

在职场之外与上司发展私人友谊。生活中与上司交朋友是有益的，但也应掌握尺度，不要过于功利。

职场上哪些东西是必争的

一家大公司对建筑设计方案不满，要求改动外观设计。而在设计师看来，这些改变会影响整座建筑的审美取向。公司是买主，对设计方案的取舍直接关系到设计师的薪酬，但设计师首先是据理力争，坚持己见，可是当公司老总很恼火，威胁他“如果不改变，我们有权终止合同”时，设计师妥协了，他害怕失去薪酬。

后来，他设计的建筑竣工，它在同行眼里是一件非常拙劣的作品，受到了许多人的讽刺和嘲笑，甚至有些单位再不愿请他设计。他后悔万分。他说：“在得与失之间，我没能找到一个对自己前途发展有利的最佳支点，关键是在面对薪酬时，我的心理失去了平衡，不懂得暂时回避物质利益。”

人生在世，我们不能做言听计从的人，因为有时违心地服从了别人，招致的是痛苦与不安，心理会失去平衡。

所以，只要自己的要求合理、合法，有时就应“据理力争”。学点谈判技巧，无论在事业上，还是在生活里，我们都会因此而受益。

我们大多数人都不擅长讨价还价，在很多时候，我们都要求自己表现得有教养，哪怕这种教养让我们吃了大亏。

想改变这种状况吗？那么该争的东西就要争，比如，你在公司里业绩好，贡献大，你想得到提升或者适当加薪。如果你觉得不加薪、不提升，也能过得去，可以暂时忍耐。但是，如果你在很多方面需要钱，并认可自己的成绩，那可能就会显得比较“积极”了。其实你要是能真实地说出来，上司在大多数情况下还是会很尊重你的要求的。如果你要去争取，就会发现，你正在慢慢开始做成更多有利于自己的事。

另外，也不要时时处处“积极主动”。比如和客户谈业务，不管什么时候，都不要表现得太急切，你一定要这样做：暂时停一停，缓口气，看看能否通过迂回的策略达到目的。你完全可以把姿态抬高，当客户发觉你做不做都无所谓的时候，他的口气也会缓和下来。

要坚信，只要灵活运用谈判技巧，并利用好自己的创造力、洞察力、智慧和毅力，你就会成功。

下面是你在职场中必须要“争”的东西或者需要明确表态的地方：

一是上司把大量工作交给你，使你不堪重负。

你可以请求上司帮你定出先后次序，只要上司懂得体会你的认真谨慎，自然会把一些细枝末节的工作交给别人处理。

二是上司虽将你连升两级，但那并不是你想要的职务。

你可以表示要考虑几天，然后慢慢解释你为何不适合这份工作，再给他一个两全其美的解决方法。

三是你因为个人原因，不能应付额外工作。

告诉上司你的实际情况，然后保证会尽力把正常的事务处理好，但超额的工作则不能应付了。上班时你要全力以赴，表现出极高的工作积极性。

四是老板定下“疯狂”的工作期限。

你只须解说同样的工作量将需要老板规定限期的几倍，给老板一定的考虑和决断时间，假若限期真的不改，那就请求聘请临时员工。

五是上司要求你做违法的事或违背良心的事。

你可以坚定地对上司说：“你可以解雇我，也可以放弃要求，因为我不能这样做。”如果你幸运，老板会自知理亏并知难而退。但假若你不能坚持原则，那只会迷失你自己。

如果你想改变你的世界，改变你的生活，首先就应改变你自己。

在市场急剧变化的形势下，改变是常态，虽说倾向安稳是人的

本性，但变化更是不可避免，与其消极抵抗，不如积极迎接改变。你不能被自己的喜好限定；新的工作可以让你接触到新的事物，学习到新的技能和知识，也可以提升你的整体能力。

另外，如果你的工作已经非常出色，而不被领导充分了解，会大大减少你升迁的机会。所以，你要把握好表示意见和建议的时机，一旦有“争”与说“不”的机会就一定不要错过，积极展现自己。

教会自己抬头做人的方法

很长一段时间，他沉浸在对未来的恐慌中。他失业了，因为老板一次毫无缘由的训斥，为了维护自己的尊严，他一气之下递了辞呈，炒了老板的鱿鱼，尽管老板事后向他道歉，请他收回辞呈，但决心已下，他对这家公司失望了。

休息了一星期后，他开始重新寻找工作，但他没料到找一份自己满意的工作会那样难，整整两个月，他奔波在人才市场与应聘的公司之间，他想要的，别人不要他；别人要他，他觉得不如意。在投递简历与等待面试通知的反复中，他对自己的能力产生了怀疑，难道我不行了吗？

有一天，他路过一家商场，在商场的试衣镜里看到了自己，佝偻着身躯，低着头，脸上胡子满茬，头发蓬乱，这还是那个为了维护尊严炒老板鱿鱼的我吗？怎么办？我的人生从此穷途末路了吗？他无法把握自己了。

人要阳光，心要明亮，遇到问题要敢于面对，既不能绕开，也不能畏缩，把头埋进沙子里，屁股还是在外面，鸵鸟还是被逮住了。所以，在生活中，自身一定要阴阳平衡协调。

现实生活中，有不少人常爱自寻烦恼，老是批评自己的缺点，逃避困难，自怨自艾。这样的人，面色凝滞无神，生活单调乏味。相反的，有些人不断地发掘自己的优点，逐一把它展示出来，就像宝石专家，不断地切磋刮垢磨光，璀璨耀眼的宝石才显出它的光彩。

一个人最大的失败，是对什么事都没有心理平衡点。你虽然有许多不足和缺点甚至错误，但你应该认为你是你自己，说你自己的话，做你自己的事。这样你对自己感到真实，别人也觉得你真实。让你去说别人的话，舌头肯定是硬的；让你不做自己的事，浑身肯定是痒痒的，让你不跟朋友说心里话，心里一定憋得慌。你是否常向灵魂发问：我是什么？你是否常提醒自己：我是我吗？经常在没有人的地方，对着镜子一遍遍演练，久而久之，相信你走过的路，会印有你自己的脚印；你到过的地方，会留有你自己的身影；你耕耘过的荒原，会闪耀着你智慧的光芒。

在做事时，你该认识自己的优点，肯定自己的优点。你该保留自己、发展自己，提高自己，完善自己。

只要仔细想想，你一定可以找到许多优点，不妨把它一一开列出来，记录下来，你会惊奇地发现，自己拥有的优点竟会这么多。

多年前，英国青年布莱恩两条腿被火车碾断了。丧失劳动能力的他，比一贫如洗的人还要贫穷，因为他缺了两条腿。然而，布莱恩却靠着还剩下的优点——对登山的爱好而让自己重新站了起来。他装上假腿，攀登了瑞士境内所有的大山，募集慈善基金。他永不服输，攀登阿尔卑斯山的爱格峰，用他的假腿，蹒跚而行，攀过峭壁，终于登上了爱格峰峰顶。布莱恩目前正从事推广残障者户外活动，造福残障人群。布莱恩这样的人，能朝气蓬勃地生活，给人生增添了色彩，他把生命的意义发挥到了极致，个中原因是他对自己充满了信心，对自己所拥有的优点做了肯定。

阿尔伯特·爱因斯坦收到一位农夫寄给他的一封信，农夫说他给自己儿子取个名字也叫阿尔伯特，希望他写几句话，作为孩子长大时的座右铭。爱因斯坦在回信中说："真正有价值的东西，并非从野心或只有责任感产生，而是从对人及事物的爱与热忱中产生。"把对人与事物的爱作为心理平衡点，这样才能使自己在生活中不至于产生万事不如人的自卑感与恐惧感。

在这个世界上，有许多事情是我们难以预料的。我们不能控制机遇，却可以掌握自己；我们无法预知未来，却可以把握现在；我们不知道自己的生命到底有多长，但我们却可以安排当下的生活；我们左右不了变化无常的天气，却可以调整自己的心情。只要活着，就有希望，只要每天给自己一个希望，我们的人生就一定不会失色。

每天给自己一个希望，它是引爆生命潜能的导火索，是激发生命激情的催化剂。每天给自己一个希望，你将活得生机勃勃，激昂澎湃，哪里还有时间去叹息去悲哀，将生命浪费掉。生命是有限的，但希望是无限的，只要你不忘每天给自己一个希望，就一定会把头抬起来，就能够拥有一个丰富多彩的人生。

正视生活中的一些丑恶现象

自述者：毕业后的第一份工作是在机关。办公室里的领导们水平都很低，而且一直以权谋私，我很看不起他们，对他们的态度很冷淡，工作的时候能把事情认真做好，却听不进领导的意见。领导自然不会喜欢我这样的愣头小子，所以过了一段时间，我就发现机关里的一切福利待遇我都没享受到，但最麻烦的事情却全部都由我来做。我受到了最不公平的待遇，只一年多的时间我便被孤立了起来。

在这里已经不可能再工作下去了，我灰心地离开了。

当你走上工作岗位时，可能会碰上偏心的领导，或碰上为了利益而挖空心思、争执不休的同事；还会看到许多不合理的现象大行其道，而周围的人居然感到这是很自然的事情……面对这些，消极悲观不是处世的办法。那么究竟应该怎么办呢？

一些你看不惯的现象就是现实，是无法回避的。调整心态，敢于正视社会的不完美并接受现实，这是提高你的环境适应力的基础，否则，面对工作和生活环境中的诸多不如意之处，就难免会产生震惊、悲观以至于绝望的情绪，从而影响自己今后的生存和发展。

有个朋友，他在单位不是看到公车私用、公款吃喝，就是看到有人钻营拍马，还有拉帮结派、互相攻击、复杂的人事、丑陋的嘴脸，让他越来越忍受不了。他想逃，可逃到什么地方去呢？他曾试着换了一份工作，主动要求离开机关到基层去。可是在基层，他看到的仍是“不干不净”的事情，例如上面来人前呼后拥，宴请送礼；汇报工作时造假掺水，在年终的时候，基层领导纷纷往机关跑，要官、讨官等等，这些让他心灰意冷。他在基层又待不下去了。他很年轻，可是他把前途看淡了，甚至想放弃工作。现在他总想发脾气，见到任何人都冷冰冰的。大家都认为他是神经质，以致他的人缘非常不好，没有人愿意与他接触。

在现实生活中，不能一味地抱怨这抱怨那，而应该静下心来正视不完美，包括丑恶现象，如果能以一种宽容的态度与周围的人相处，你也许就会感到自己的人际环境并非那么糟糕。面对工作环境中的一些丑恶现象，每一个有良知的人都会愤愤不平。但是这些现象不是仅凭一时之勇就能改变的，它需要一种能力，需要一种资格和机会。

只有当社会赋予你某种资格的时候，即当你有了一定的实力时，你才能为社会真正做些有益的事情。现在，你最重要的事情是充分积蓄自己的力量，而不能仅凭意气与社会上某些你看不惯的现实盲目地搞对立。

美国著名的咨询专家斯蒂芬·科维的“担心圈和影响圈”理论，对于你如何适应不如意的工作环境具有指导意义。这种理论认为：每个人都有广泛的担心，比如家人的健康、单位的效益、社会的安定乃至环境的污染等等。你可划出一个“担心圈”，把那些同你在思想和感情上没有特殊牵连的担心剔除，这些事情你无法进行实际控制。而另外一些事情你能够做些工作去改变它，你可以把这些事划在较小的“影响圈”内。积极主动的人，把他们的注意力集中在“影响圈”内，在他们能做或能发挥作用的事情上努力，因此，他们的“影响圈”进一步扩大。而消极被动的人，把注意力集中在“担心圈”，他们关注的是诸如别人的缺点、环境中的问题等他们无法施加影响或不能控制的情况。这就使他们采取抱怨和指责的态度，从而增加了自己的恶劣情绪。

科维的上述理论告诉你，面对丑恶的现象，正确的做法是：尽自己所能去解决你能够控制的问题，而对于你无法控制的问题，你只有坦然面对。

第八章　工作与休闲

这是个充满竞争的社会，多少人除了工作还是工作，差不多变成了工作的奴隶。为了物质、为了荣誉，还是为了一种责任与使命？反正在现实生活中人们普遍缺少了悠闲的姿态；心理失去平衡，感到活得累的人越来越多。要想在工作与休闲之间找到平衡点，就必须学会放松。当你感到工作乏味或难题如麻时，不如把手头的事情暂时放下，去做你喜欢做的事，如运动、读书、欣赏音乐书画等，待心境平和后，再重新面对自己的难题，思考解决的办法。因为适当的娱乐，不但能调节情绪，舒缓压力，还能增加工作的热情和生活的乐趣。

不可拿命去换钱

自述：我是一个众人眼中的成功人士，财富与地位、权力与尊重，该有的我都有了。可有谁知道，我为此付出的是高昂的代价。

为了工作，我几乎没有一个节假日，半夜两三点钟回家是最正常的时刻。每天在家的时间只有四五个小时，能看看太太和孩子熟睡的面孔已是最奢侈的享受了。有一段时间，我咳嗽不止，持续了几个月，经常咳得说不出话，我甚至抽不出时间去一趟医院。家人怪我太不关心自己的健康，对我怨言颇多。我为工作而疯狂地透支着自己的身体，也牺牲了最宝贵的亲情，值得吗？

也许真应了那句话：现在是拿命换钱，将来是拿钱换命。

现代生活中，似乎越来越多的人看上去很累。

在某经纪公司举行的妇女座谈会上，该公司业务部一位39岁的女经理在发言时的一段话引起女同行们深深的共鸣，也很耐人寻味。

她叙述了她的一天：早上6点钟随闹钟响起，起身刷牙洗脸，同时把丈夫、孩子叫起床，然后赶做早饭。7点钟，丈夫送孩子上学，自己化好妆便去赶公交车。从南湖小区的家赶到鼓楼附近的公司，中途转车两次，折腾了近50分钟才能到达。在办公室刚坐定，客户的电话便不停地打进来，接电话，回电话，处理文稿和订单，直到公司送来盒饭，才知道已是中午。草草吃完，感到眼睛发胀，脖子酸痛，房子里的空气又让人不舒服，刚想躺在沙发上睡一会儿，一看手表，公司的例会又要马上开始。原计划这一天下班前顺便买菜给儿子烧点好吃的，但这时老总突然打来电话，说来了客户，要安排陪吃晚饭，只好打电话说不回家吃晚饭了。晚上吃饭、喝酒，再谈谈业务，快 11 点钟，才身心疲惫地赶到家。儿子已睡着了，轻轻吻吻孩子红红的小脸，不禁心怀歉疚。看到家中有点儿凌乱，又赶紧收拾一下，快 1 点钟才上床休息。再过 5 个小时又将是新的一天……

“累，有时感到真的很累！”她深有感触地说。

感觉累的不止她一个人。

惠是一家大型合资企业的部门经理，标准的白领丽人，人人羡慕。可是她却对自己的工作感到非常厌倦，完全失去了原来对工作兴致勃勃的感觉。每天清晨刚走进办公室就觉得非常疲倦，手边的文件也没心思处理。

一段时间，在某银行办公室工作的陈小姐感觉特别心烦意乱，干什么活都提不起劲，而先前她一直是很努力的。陈小姐自己也不知道是怎么回事，显得不知所措。

在某合资企业工作的刘先生，刚满 27 岁，正是拼命干事业的时候，有一天却突然觉得自己的生活没有一点儿希望，于是一点儿工作热情也没有了，而刚刚过去的一年他还是单位的先进工作者。

随着生活节奏的加快，越来越多的人承受的工作、生活压力在不断加大，处于亚健康状态的人比比皆是，如果不注意调节和防治，很容易出现“过劳死”。

“过劳死”最简单的解释就是超过劳动强度而致死，是指“在非生理的劳动过程中，劳动者的正常工作规律和生活规律遭到破坏，体内疲劳淤积并向过劳状态转移，使血压升高、动脉硬化加剧，进而出现致命的状态”。如今，美国疾病控制中心已正式将此病症命名为慢性疲劳综合征，并拟定了相应的诊断标准。

“过劳死”的前五位直接死因是：冠心病、主动脉瘤、心瓣膜病、心肌病和脑出血。“过劳死”与一般猝死几乎没什么不同，但其特点是隐蔽性较强，先兆不明显。长期通宵达旦地工作，会使体内产生许多毒素，而且有些毒素会随着血液进入大脑，能迅速引起中枢系统的“中毒”症状。疲劳，是一种信号，它提醒你，你的机体已经超过正常负荷，出现疲劳感就应该进行调整和休息，做到劳逸结合，张弛有度。如果长期处于疲劳状态，不仅会降低工作效率，还会诱发疾病。

2005 年 4 月 12—13 日，《中国青年报》社会调查中心和中央电视台资讯科技有限公司合作实施了一项调查，在接受调查的 1218 人中，每天工作不足 8 小时的人占 34.4%，而工作时间在 8 小时以上的人占 65.6%。其中，每天工作 10 小时以上的人已经超过 20%。

究竟是什么因素在支撑着人们如此卖命地工作呢？

调查发现，82%的人选择了每天工作 15 小时以上，唯一条件是“如果奖金足够高”。尤其在 20 ～ 40 岁的人中，这种想法相当普遍。

无论是出于什么样的原因，如此玩命工作是在透支生命。但一些中青年人，似乎并没有意识到这一点。“年轻时拿命换钱，岁数大后拿钱换命”这句话也不过常被人说说而已。调查数据显示，75.1%的中青年人对拼命工作甚至“过劳死”的人表示理解，只有 18%的人认为“这种健康风险是完全可以避免的。”

造成“过劳死”现象的最关键的原因是心理问题，他们不关注自己的身体变化，没有定期维护自己的健康。很多疾病都是在慢慢侵蚀、消耗身体的机能，如果不细心观察和定期体检，这些变化很难被发现，一旦发作，后果会很严重。

所以要在工作与休息之间找到心理平衡点，不能漠视生命，要珍爱生命。以生命为代价的发财致富，有什么意义呢？不要对自己要求太苛刻，要及时消除工作中的焦虑、强迫心理。周末一定要休息，多去野外郊游，使身心得到彻底放松，才能愉快地面对每天的工作和生活。

专家提示：

坚持体育锻炼。最易使人疲惫的莫过于长期不活动。运动能增加心肌收缩能力，增加机体免疫力，增强机体抗病的能力，还可以加快人体的新陈代谢，推迟神经细胞的衰老，帮助排除废物，从而起到防癌抗癌的作用。

保持心情舒畅。现代心理学研究发现，当一个人感到烦恼、苦闷、焦虑的时候，他身体的血压和氧化作用就会降低，而人的心情愉快时，整个新陈代谢就会改善。烦闷、焦虑、忧伤是产生疲劳的内在因素。因此，要防止疲劳，保持充沛的精力，就必须经常保持愉快的心情，做一个“乐天派”，并培养坚强、乐观、开朗、幽默的性格，具有广泛的爱好和兴趣，始终保持积极向上的生活态度。要学会调节生活，多与人沟通交流，开阔视野，增加精神活力，让紧张的神经得到松弛的有效方法，也是防止疲劳症的精神良药。

把握工作与休闲的比重

自述：工作忙起来不懂得休息，不会爱护自己。每天早早从家里出发，坐一个多小时的公交车，到单位上班，日复一日，都是如此，所以朋友每次见我都问：“你精神不振，好像缺少睡眠。”我不仅缺少睡眠，更缺少休闲生活。由于除了工作还是工作，我觉得生活变得毫无意义。人难道就这样活着？为什么活着？对于这些问题的思考，使人更加渴望休闲，可又怕因此影响工作，几次把本已停下的工作又拿了起来，一头扎进去，惶惶不可终日似的。我成了自己的奴隶了。

20世纪80年代，几百万北美人把工作看成生活的中心，而这使他们歪曲了生活的本意，导致了情感的混乱。事业的成功让许多人感到空虚和无聊，昨天的美梦成了今天的噩梦。许多人意识到他们已沦为工作和财产的奴隶了，一星期工作50～80小时使他们丧失了自我。更糟糕的是，工作压力和疲惫影响了他们的身心健康。作为心甘情愿的奴隶，他们付出了巨大的代价。

但现在到了一个可以自己把握工作与休闲关系的时代，快乐是一种态度，一种生活方式的认同。工作是快乐的，但超负荷的，没有休闲来平衡它的工作是不快乐的。

这种观念正在改变着人们。进入20世纪90年代以后，许多人开始以不同的眼光看待工作。在美国10多年来，第一次有人说他们生活中重要的事情是休闲而不是工作。1990年，在洛佩尔媒介调查公司所做的民意调查中，41%的人选择休闲作为生活中最重要的因素，而只有36%的人选择工作。这一数据很有意义，1985年，选择工作的人是46%，而选择休闲的人是33%。

研究表明，要求过宁静、休闲生活的人的数量正在增长。为了从压力和疲惫中解脱出来，人们纷纷离开企业。20世纪90年代那十年是雇员们试着从拼命工作中解脱出来的十年。他们或者是完全放弃了工作，或者是接受了比较具有选择性的工作，使自己能在工作和休闲之间进行平衡。沉湎于工作是愚蠢的，懂得休闲才是聪明的。

甚至有些企业已经注意到，员工高质量的休闲生活有助于企业的健康发展。许多公司发现健康的员工更加快乐，生产效率也更高。由于80%的疾病与生活方式有关，因此，企业会提倡提高员工休闲生活的质量，以增进他们的健康和士气。对企业来说，这样做的结果可能是生产力、活力、员工斗志以及企业形象各方面的极大改善。

几家大公司已经在实施培训计划，以促使他们的员工有良好的、平衡的生活方式。

将来，企业没有选择余地。员工们会要求在维持工作和休闲之间有更好的平衡。今天的新一代人并不像上一代那样，为金钱、名誉、安全感以及升职的诱惑而疯狂工作。有些杂志，如《财富》报道说，新一代人强调的是生活质量——为了工作的满足感，工资就不那么重要了。《今日美国》于 1996 年 4 月报道，在美国，过去一段时期，有 55%的人通过工作来表现自我；而对于新一代的人来说，则只有 46%的人会这样。因此，二三十岁的员工会说享受休闲的生活方式与家庭和工作一样重要。社会学家说，这些价值观的改变是令人高兴的。现在的新生代比起认为生活等于工作的父辈和祖辈那代人来说，其价值观更为正确。

梭罗说："大多数豪华的生活以及许多所谓的舒适的生活，不仅不是必不可少的，反而是人类进步的障碍。对于豪华和舒适，有识之士更愿意过比穷人还要简单和粗陋的生活。"

每天给自己留出一段时间，什么也不做，什么也不想，抛开一切事情。一旦养成了习惯，你的生活将会得到很大的改善，把你从杂乱无章的感觉中解救出来，让头脑得到彻底的净化。

读一读赵朴初先生的《宽心谣》：

"日出东海落西山，愁也一天，喜也一天。遇事不钻牛角尖，人也舒坦，心也舒坦。每月领取养老钱，多也喜欢，少也喜欢。少荤多素日三餐，粗也香甜，细也香甜。新旧衣服不挑拣，好也御寒，赖也御寒。常与知己聊聊天，古也谈谈，今也谈谈。内孙外孙同样看，儿也心欢，女也心欢。全家老少互慰勉，贫也相安，富也相安。早晚操劳勤锻炼，忙也乐观，闲也乐观。心宽体健养天年，不是神仙，胜似神仙。"

如何成为最佳工作者

某男，57岁，总想工作表现最佳，可是日日在紧张中度过，造成烦躁焦虑，看什么都不高兴，对什么都没兴趣，爱发脾气，爱着急，总觉得害怕、紧张、敏感、多疑，坐立不安，委屈想哭，无愉快感，高兴不起来，不想见人，不想说话，入睡困难，梦多而且噩梦多，浑身疲乏无力、无食欲、没饥饿感，胃胀、总觉得胃内有气不往下走，而往上顶、打嗝、口干、口苦，胃镜检查有浅表性胃炎，头脑不清醒，头痛、头昏、头晕，像戴了顶帽子，或带个紧箍咒一样。记忆力减退，注意力不集中，思维反应迟钝，双眼憋胀、干涩，脖子后背发沉发紧，有重压感，易感冒爱出汗，脸上皮肤发红发烫，周身皮肤发热，但体温正常，手心脚心发热，胸闷，喜欢出长气，喉部有异物感，吞之不下，吐之不出，医院诊断为“神经功能失调”。

一个好心情，一个优美的环境，都可以提高工作效率。如果你想成为最佳工作者，试着放下工作，来点儿休闲。生活中保持一定量的休闲，不仅能够增加你精神上的财富，使生活充实起来，而且由于身心健康，充满热情，工作效率自然会提高，经济收入也会增加。

在休闲时间中培养更多的兴趣爱好有许多好处。行为学者发现，工作之余的兴趣爱好有助于你在工作中有所创新。当你追求休闲生活时，你的精神会从与工作有关的问题中解脱出来，从而得到休息。你会因此关注工作以外的事情，会变得更富有创造力，能给企业提供一些有创造性的新点子。很多最有创造性的成就往往是在走神或胡思乱想中产生的。

一般员工的生活是不平衡的，从商者尤其如此。许多白领一星期工作的时间超过常规的40小时。经常拼命工作的人就是工作狂。过度追求尽善尽美，强迫自己迷恋工作是工作狂的心理特征。工作狂不等于最佳工作者，这一点非常重要。工作狂是差劲的工作者。下面来告诉你如何区分工作狂和最佳工作者：

工作狂——

工作时间长；

没有确定的目标——工作只是为了积极；

不会委托别人；

工作之余没有兴趣爱好；

为了工作放弃假期；

在工作中发展肤浅的友谊；

经常谈论工作问题；

经常忙着做事情；

觉得生活很累。

最佳工作者——

工作时间正常；

有确定的目标；

为主要的目标而工作；

尽可能委托别人；

工作之余有许多兴趣爱好；

在工作外发展深厚的友谊；

尽量减少对工作的谈论；

能够享受休息；

觉得生活是节日。

工作狂习惯于连续工作十几个小时，而没时间休息。工作狂虽然拼命工作，但成绩有限，考虑到这一点，可以说事实上他们大都缺乏能力。实际上，许多工作狂都被解雇了。沉迷于工作是一种很严重的疾病，如果不及时治疗，会导致心理和生理上的问题。《工作狂》一书的作者芭芭拉·基林格认为："工作狂感情有缺陷，工作狂对工作的着迷，导致他们患有溃疡、背部疾病、失眠、抑郁症和心脏病，许多人甚至因此而早亡。"

最佳工作者能够享受工作和娱乐，所以他们是最有效率的。如果需要，他们可能会大干一两个星期。然而，如果仅仅是例行公事的工作，他们可能按部就班地做，并引以为豪。

对于最佳工作者来说，人生的成功并不局限于办公室。要做一个有着平衡生活方式的最佳工作者，就意味着是工作在为你服务，而不是你为工作服务。

有位生活和工作计划顾问建议，要想有平衡的生活方式，必须满足生活中的六个领域。这六个领域是：智商、身体健康、家庭、社会福利、精神追求和经济状况。

既然许多公司都有这样的理念：保险、工资和退休是激励员工的途径，那么工作只能满足你在经济状况和社会福利方面的需求。至于其他四个方面，你只能从工作之外得到满足了。

健康专家提醒：

60 秒工作减压大魔法：

简易运动法：站到窗前，遥望目视可达到的最远距离的物体；手指交叉，两臂尽量高举；做延长深呼吸 10 次。

色彩法：在案头准备一张淡粉色单色的硬卡纸，约 50 厘米 ×50 厘米；单臂平直持卡于正前方；直接目视卡片中心位置；心中记数，慢数 60 下后放下即可。

合理分配时间，就是有效分配生命

自述：我有一份满意的工作，事业正处在上升期，应酬、应酬，约会、约会使我的时间难以分配，得罪了不少人。为了照顾得全面一点，我疲于奔命，结果累倒了。我的精神恍惚，回家后很长时间调整不好心情，对此家人埋怨我。我经常被噩梦惊醒，甚至有一天在梦里喊了一个异性的名字，被爱人听见了，受到了误解，以为我成天在外面忙，是有野心的。唉，觉得自己像一台不受自己控制的机器一样，担心总有一天这台机器会突然停下。

不管什么时候你要赶赴一个约会，自己心里得先有个谱，算计一下这个约会将持续多长时间，而你究竟需要多久才能赶到约会地点，把一切都计划好了，免得途中又发生什么耽误你的事。比方说，你跟人家约好了 6 点钟见面，从这儿到那儿 4 点 45 分出发没问题。可你偏偏在 4 点 40 分的时候还想着打个电话，结果事与愿违，你不该迟到反而迟到。所以嘛，做事前紧后松一点儿，等你到那里的时候还有 5 分钟的剩余，好好坐着休息一会儿，或者把在这次约会上要完成的事项过过脑子，想想怎么才能最大限度地利用这次会面。你也可以更早一点儿出发，从办公室或自己家慢慢踱步到约会地点去，如果你驾车的话可以悠悠闲闲地过去，用不着一路上风驰电掣地赶，到头来还弄得自己紧张。

在赴约之前，一件很重要的事就是，要算计好路上用的时间，以及可能发生的各种事情。比方说，交通堵塞啊，修路啊，坏天气啊什么的，这些因素都有可能使你迟到。如果不考虑这些事情，你难以把握自己的时间，本来做好的计划往往变成废纸一张。如果在 3 点钟有约会，并且肯定用 30 分钟就能赶到那儿，一定想办法提醒自己在 2 点半准时走。可别眼看要迟到了，自己急得跟热锅上的蚂蚁一样，心里七上八下的，计划好时间，轻轻松松赴约有什么不好。想象一下你现在正开车急着往约会地方赶，忐忑不安的，哪还有心情欣赏一路风光，巴不得插翅飞过去。如果你以百米冲刺速度赶过去，却还是迟到，肯定会觉得身心俱疲、垂头丧气，而且这个约会也难有一个好开头。所以，学会计划好时间，让你的每一步都走得轻松自如。

有选择地安排各项任务、项目和约会，在做计划时多问问自己“这项工作必须现在就做吗？”“我真的有必要做这件事吗？”你可以回顾上个月的工作，翻一下当月的时间表，看看是不是有什么工作其实根本没必要做。节省时间，最重要的一点就是有合理的时间安排，对什么是当务之急，什么完全可以拖到日后再做有明智的选择。还有，要避免同一时间安排不同的事，你又没本事将自身一分为二，要是你既答应了这个又允诺了那个，看你到时候有多尴尬！

尽可能地避免那些烦人又无意义的公司会议，珍惜宝贵的时间与精力。你可以以一种有效的方式组织会议，比如说自由讨论，大家在会上各抒己见，提出有创意的观点，这样的会议才是有活力、有意义的。不过要在会议前提出一种合理的安排，实事求是地计划好时间与会议内容，在开会时要遵守已经定好的每一个主题的讨论时间。

不要把约会定得太早，免得自己一大早起来忙作一团，不要打破长期以来一贯遵循的工作安排。如果有人对你下个月已经做好的计划提出新的要求，请你学会说“不”。一开始也许感到不好意思，情面上过不去，但久而久之，要是再碰上那些不合理的要求，你会当机立断给他来一个“不”：“不好意思，往后一两个月我不准备接手任何新的项目。”学会说“不”还有另外一个好处，就是你不用费神去想该不该答应。

学会忙里偷闲。你从早晨或者下午到现在已经多长时间没休息

过了？工作时抽点儿时间休息一下，可以说是天经地义的，可是调查显示，有许多工作者慑于压力，在工作了几小时之后连喘口气的时间都没有。休息至关重要，缺少休息的人无法恢复在工作里耗费的体力与脑力，他们的健康由此受到了很大损伤。所以，把休息用的时间也写进你的工作安排，一丝不苟地遵守。

学会给自己松绑

“如果我每年不能挣到一定数额的利润，我的业务就无法运转下去。”在平面广告业奋斗了10多年的小孔每天都面临这个问题。“10年前，我什么困难都不怕，一心往前冲，多大的困难都认为自己有能力克服。可现在，我的经验多了，胆子倒变小了。面临同样的压力，我无法做到盲目乐观了。我为人不够老到，在工作中遇到突如其来的问题时，常常表现得束手无策。这时我就会想，那么多女人不用做事都可以生活得衣食无忧，而我少年离家就苦苦打拼，承受巨大的压力，我这是何苦来呢？每当这时候，我的厌职情绪就滋生出来，非常想逃避，不想去上班了。其实我心里明白，不能就此放弃。于是为了排遣压力，我就找个没人的地方坐在车里听着伤心的歌大哭一场，哭过之后心情会轻松不少，算是给自己减压的办法。”

近5年来，世界各国的医生们不停地发出警告：由心理压力导致的病理或心理疾病呈大幅度上升趋势，这种状况引起各界人士的关注。

刘敏以前是一名国企的庭院设计师，后来她放弃了这份工作，下海做起了零售生意。她经营着各种各样的庭院装饰品，高档豪华，精美绝伦，而且式样从不重复。包括喷泉、工艺雕像，还有那些可以给鸟儿提供饮水的石雕，还有让人看得眼花缭乱的装饰草坪的桌椅器具。10 多年来，她一星期工作 5～6 天，平均每天工作 10～12 个小时，这样拼命干下来，她的生意经营得倒是挺红火。

可是人又不是铁打的，这么长期的高度疲劳让她吃不消，她自己也承认一天到晚除了生意上的事，连考虑别的事情的时间都没有。跟其他做零售生意的人一样，她连停下来喝口咖啡的时间都少得可怜，午休时间似乎没有休息的可能，因为一天中最忙的时间正是在中午。她想过雇一个全天工，可又觉得花不起钱；要是少费点儿钱请一位零工来帮忙的话，却又管不了什么事，真是两头为难，只好仍是自己忙忙碌碌。两年前她对一个朋友诉苦，她已经考虑放弃手里的生意了。

而她的这位朋友极力向她建议雇用一个零工，一星期里至少有 2～3 天在午休前后 2～3 小时里帮她料理生意。这样她既可以享受午休，又可以用空出来的时间查查账目，好好考虑生意该如何做下去。以前有很多纸上的工作需要在晚上停业后拿回家做，但现在这些事情在工作时间之内就能完成了。

带着疑虑与犹豫，她勉勉强强地听取了朋友的劝告，雇了一个零工来帮忙。开始时，就是在午休时间她也不得安心，担心这个担心那个。但后来她逐渐学会放心地离开店，找一个安静的地方坐下来，让工作一个上午后的疲惫慢慢消失，在体力与脑力渐渐恢复时，让新鲜的想法在清晰的头脑中迸发。过了一段时间，她注意到许多客户在庭院设计上需要她的建议，她的设计天才相当有市场。不久以后，她又经营起一家庭院设计咨询公司，虽然一周中只营业两三个下午，可生意很是兴旺。

庭院设计咨询公司的建立给她带来不少的机会。现在通过咨询业务她可以清楚地了解客户对庭院设计都有什么样的要求，这样就使得店里的装饰品与器具总能迎合人们的口味。不仅如此，现在她有更多的机会出去参观各种各样的庭院，有更多时间置身美景，呼吸新鲜空气。同时，她在设计方面的天才也愈加显露出来。

不用说，这家公司给她带来更多的盈利。她一小时付给零工 10 元，但设计公司和店铺平均一小时的利润比从前增长了 120 元。

在做生意上，退一步往往也有海阔天空之效。请一个零工不仅找回了失去很久的午休，而且扩大了思维空间，为她的事业开拓了一片新的天地。

不管你经营自己的生意还是在公司里任职，如果繁忙的工作把午休都剥夺了的话，现在就该想想办法了。看起来，一个星期总共多工作 5 个小时好像没什么大不了的，可要是按照一年计算的话，你就等于一年中多工作了一个半月。要是 10 年呢，那就相当于整整多工作了一年。

现在你看出事情的严重性了吧？总是加长工作时间，对自己额外的工作不仅毫无意义，还会导致一系列的问题。午休是人们恢复体力与精神的时间，大脑在午休中得到休息，才能有效地应付下午的工作。许多搞体育运动的人都知道，只有坚持有规律的休息，才能有效地保持和增强身体机能，增强机体的耐力，这样才能保持长期胜利。这个道理用在工作上也是一样的。

可能工作使你不得不在午休的时候和客户或是其他生意上的合作伙伴进行工作午餐，别以为那是真正的午餐，你在其中得不到丝毫的休息，在午餐中讨论公事不仅精神紧张，饭吃不好，还会让你的整个下午处于疲惫状态。

你需要一个真正的午休，这样才能够有效地进行下午的工作，才能让自己精神集中，工作效率提高。要是你非要这种工作午餐不可，那就想办法在工作安排上挤出一笔休息时间。这样你总能够有点儿时间养养神，甚至出去散步 15 分钟，或者稍稍打个盹，也会让你感觉精神振奋了很多。你会感到，短短十几分钟的小憩，却能让你在下午的工作中精神焕发。

接受帮助。什么时候都不要认为，自己能够做好一切事情。如果遇到力所不能及的事情，如水龙头或暖气管出了问题，就求助于物业管理部门的水暖工。你与其花 2 个小时做无谓的劳动，不如到公园散步或和朋友闲聊。交电话费或水电费等琐事尽量交给银行或家政服务人员来做，多留些时间给自己。

不要同时做几件事。如果有人说自己能同时做几件事，他是在自欺欺人。举个简单不过的例子：你同时看电视和喝咖啡。首先，你会漏掉电视播放的内容；其次，你也无法完全品尝到咖啡的香味。简单的事情况且如此，更何况复杂的事情呢？与其同时做几件事情，不如考虑如何提高效率。

关掉电话、关掉手机。如果想自在地吃晚餐或让耳朵清静一下，最简单的办法是关掉电话、关掉手机，如果需要，饭后再打开。

把家务分开做。尽量不要搞大扫除。最好是把家务分成几部分来做。譬如：今天整理浴室，明天除尘，后天擦窗户。心理学家认为，做少量家务不会使人感到疲劳，而且还使人有愉悦感。

积极从事体育锻炼。从事任何项目的体育活动都能使人感到惬意，但前提是运动量不要过大。与其在家中使用健身器材，不如到公园散步、同朋友踢球、打球或到游泳馆游泳。

如果你有个朋友，他总是炫耀自己不能闲着，你要疏远他，因为这样的人容易使周围人的情绪紧张。如果累了，你就躺着，即使不累，为了爱惜自己，也可以躺着放松一下。

如何树立对健康的信心

李先生有一天在办公室尿了裤子，他觉得自己完了。“那是一种濒死的感觉，我再也不能用意志控制自己了。”他向医院神经内科主任医师绝望地诉说。

李先生是一名成功人士，有车有房，连续两年来他“全身都是病，但就是查不出哪里有毛病”，最为严重的时候，他一天做过三个心电图，一年做了5次胃镜，查了脑CT，做了冠脉造影——那是一种非常难受的检查，从大腿部切开，沿静脉将探头伸入心脏。结果是他没有任何机体性的病变。两年没有性生活了，妻子总是怀疑他，两人感情已到了离婚的边缘。

李先生是典型的抑郁症伴惊恐发作。但是他一直都以为是自己的身体出了毛病，而根本就不想，或不愿想是自己的心理有了病。

一位年轻的电脑销售经理，他有一个温暖的家和高薪水的工作，在他的面前是一条充满阳光的大道，然而他的情绪却非常消沉。他总认为自己身体的某个部位有病，快要死了，甚至为自己选购了一块墓地，并为他的葬礼做好了准备。实际上他只是感到呼吸有些急促、心跳有些快，喉咙有些梗塞。医生劝他在家休息，暂时不要做销售工作。

他在家休息了一段时间，但是由于恐惧，他的心里仍不安宁。他的呼吸变得更加急促，心跳得更快，喉咙仍然梗塞。这时他的医生叫他到海边去度假。

海边虽然有使人健康的气候，壮丽的海滩，但仍阻止不了他的恐惧感。一周后他回到家里，他觉得死神很快就要降临了。

他的妻子看到他的样子，将他送到了一所有名的医院进行全面的检查。医生告诉他：“你的症结是吸进了过多的氧气。”他立即笑起来，说：“我怎样对付这种情况呢？”医生说：“当人感觉到呼吸困难，心跳加快时，你可以向一个纸袋呼气，或暂且屏住气。”医生递给他一个纸袋，他就遵医嘱行事。结果他的心跳和呼吸变得正常了，喉咙也不再梗塞了。他离开这个医院时，是一个非常愉快的人。

此后，每当他的病症发作时，他就屏住呼吸一会儿，使身体正常发挥功能。几个月以后，他不再恐惧，症状也随之消失。自那以后，他再也没有找医生看过病。

当然并非所有的治疗都这样容易奏效，有些时候需要用你的机智和忍耐才能找到效果好的疗法。聪明的办法是坚持用心理平衡法探索治疗。

心理状态对心脑血管病的发生发展影响很大，心理作用力量很大，有时大得不可想象，有位心肌梗死病人，因出现大面积心肌梗死，室壁瘤里面还有血栓，他住进一家医院要做冠脉搭桥，切除室壁瘤。医生对他说：“你要做手术可以，但要做一个心肌存活试验，如果心肌还有存活的，搭桥就有效，心肌都死亡了，搭桥也无效。”可是一做试验，同位素显示没有存活的心肌。医院每月开一堂健康教育课，刚好碰上这个日子，医生让这位病人参加了听课。

病人听课后，离开了医院，回家了，他写了几句话：第一句，忘掉过去。病人曾是一位银行行长，当年高朋满座，前呼后拥，现在不做行长了，经常想起过去，心里就难受。第二句：不看现在。新行长比他当行长时还威风，与之相比会不愉快，所以不看现在。第三句：享受今天。每天养花养鱼，听广播，散散步。第四句：展望明天。

这四句话，就是心理平衡点，病人树立起了对健康的信心，知道冠心病人若好好保养，能活 90 多岁，所以对明天充满乐观。大概过了两年，他再到医院复查，一照片子，心脏明显缩小。放射科的大夫说："错了，片子拿错了。"给他看病的医生说："没错，要么重照。"重照后，心脏还是明显缩小，放射科大夫说："哎呀，两年前心脏这么大能活到现在就很少，现在心脏只能更扩大，怎么会缩小呢？真是第一次见到。"给他做超声心动图，显示心脏明显缩小，心功能明显改善，血栓消失。他现在天天爬山，活得很愉快。

敌意和绝望等不良情绪会对健康产生危害。心理对于治疗疾病所具有的力量，从20世纪50年代开始，哈佛大学的亨利·比彻描述了"安慰反应"的现象后，这种概念就得到广泛传播。

使人宽心的感情体验可以改进我们的身体健康。加利福尼亚大学洛杉矶分校在对艾滋病病毒携带者进行观察后发现，乐观的心态可以加强免疫细胞的作用。哈佛大学的另一项研究也表明，人们可以通过瑜珈、祈祷或简单的深呼吸等办法获得一种最深层次的宁静，即"放松反应"，而它可以帮助人们消除长期以来心理紧张带来的不良影响。当人体深度放松时，可以产生一氧化氮，这种成分可以对因紧张而产生的有害荷尔蒙等物质起到解毒剂的作用。

金钱为什么不能产生持久的快乐

一个有钱人的自述：贷款买房的时候，没有觉得有多大的压力，但住上好房子后，就需要和它配套的东西，养一些名贵的花、好看的名贵的鱼、漂亮的装饰，小区里有很好的会所要去健身……越有钱生活越像是个套儿，当我钻进去之后，就再也出不来了。

钱多起来后，危机感和焦虑感比刚创业的时候更严重，好像它们商量好了一起来袭击。当身体垮掉的时候，一下子发现自己的婚姻也出现了问题，因为日夜努力地工作，崇拜起财富，已经找不到和妻子沟通的途径；还发现孩子也出了问题，与自己有很大的距离，因为孩子的成长没有父爱的参与，而缺失一种精神的相契。

很多人不知道在生活中真正需要什么，所以心理常常处于失衡状态。有的人以为金钱会提供给自己一切所需的东西，并错误地以为满足就是快乐。不愿正视金钱的本质的人是普遍的，关于金钱的种种设想是荒谬的。

金钱是我们生存的一个重要因素，但是我们需要多少钱来得到快乐则是另一回事。这从一项调查的结果中可以说明：中得大奖的彩票玩家在中奖五年后会回到与当初一样的幸福水准，而入榜“福布斯 400 富豪”的富翁也并不比非洲南部的马赛牧人的幸福程度更高。收入的增加不会给人们带来持久的快乐，正像一时痛苦的经历对人们的整体生活情绪也只有很小的影响一样。

当然，收入的增加是人们正常的欲望，但从幸福与快乐的方向考虑，求得心理的平衡，不能不关注财富与幸福间的相关度。一些受调查者说，财富给他们带来的快乐只占其幸福度的 1 %。但对一些群体来说，这种关联度要更高一些，比如当穷人的财富增加时，他们会比中产者更加高兴。美国密歇根大学的医学教授彼得・尤伯说，当收入增加时，穷人会感到更加安全。此外，金钱也可以提高他们的社会地位，而社会地位比金钱对人们幸福度的影响更大。

为什么财富带来的快乐那么短暂呢？卡内基・梅隆大学经济学家乔治・路易温斯坦说：“部分原因可能是人们不知道如何花掉那些意外之财。”路易温斯坦认为，有时人们花钱反而会导致不快乐。例如，人们常常从与人交往中获得快乐，但如果彩票赢家在中奖后不敢出头露面，辞去工作，搬到一个陌生的地方居住，那么很快就会感到孤独和寂寞。另外，人的大脑会逐步习惯于新的生活状态，发财时的惊喜会逐步消退。而欲望是不断上升的，到了最后，金钱成了一种符号，无论是否用完，追求财富的脚步都不会停下来。

虽然在社会中，金钱象征力量、地位和安全，但在它的本性中没有什么真正能令人快乐的东西。假如想让自己获得判断金钱本性的能力，就试着做下列练习。

“在生活中，有钱是一种方便。金钱能提高我们的生活质量到什么样的程度依赖于我们怎样聪明地使用金钱，而不是我们能攒多少钱。”这是一位银行家迈克尔·菲利普说的，他在《金钱的七条规律》一书中，这样描述金钱：

◇金钱创造和保持它自己的规则。

◇在生活中，当你做得对时，金钱就会出现。

◇金钱是一个梦，实际上，它能成为一个和空头支票一样的有欺骗性的幻想。

◇金钱往往会带来一场噩梦。

◇你无法真正地把金钱作为一种礼物赠送出去。

◇你无法收到作为礼物的金钱。

◇有许多美妙的世界中没有金钱。

美国作者厄尼·J．泽林斯基通过大量观察，对有金钱是否会带来快乐的问题有了一些重要的发现，他在《你能不能工作》一书中写道：

如果金钱能给人们带来快乐，那么……

◇为什么伊利诺伊大学的心理学家迪安纳在1995年的一项研究显示：有1/3的美国富豪居然不如普通美国人快乐？

◇为什么最近的一项调查显示：年收入超过7.5万美元的人的不满意度要比年收入不到7.5万美元的人更高？

◇为什么在华尔街通过非法手段积累了超过1亿美元的依凡·博斯基在挣了200万或500万美元之后，还不停止他的非法活动，直到被捕还在继续积累他的财富？

◇为什么我认识的一个家庭的成员们（即使他们的财产水平处于北美家庭顶尖的1％之列）告诉我，如果中了大奖，他们会有多么快乐？

◇为什么纽约一群中大奖的人形成一个组织来处理中奖后的压抑综合征，而在中大奖以前，他们从来没有体验过这么严重的消沉？

◇为什么那么多具有高收入的棒球、足球、曲棍球队员们有吸毒和酗酒问题？

◇作为富有的职业团体之一，为什么医生群体在所有专业人士中具有最高的离婚率、自杀率和酒精中毒率？

◇为什么穷人比富人做的慈善事更多？

◇为什么那么多的富人陷入法律纠纷？

◇为什么那么多的富人要去看精神医生和心理医生？

上面仅仅是一些作为金钱不能带来快乐的警告信号。同任何人一样，本杰明·富兰克林批判了试图通过金钱来获得幸福的观念。他留下了一句名言："金钱无法使人快乐，永远不会。它的本性中没有会产生快乐的东西。"

假如有人意外得到一大笔钱，那么他大脑中的兴奋区就会被激活，从而产生一种与食欲、性欲得到满足后相似的快乐。但是，对大多数人来说，这种快乐只是暂时的，不会长久地持续下去。

路易温斯坦说："我们可能高估了快乐的重要性，生活的部分意义就是有上有下、有高潮有低潮。一成不变的快乐生活并不是优质的生活。"

伊利诺伊大学的"快乐"研究专家埃得·迪纳说，金钱与快乐间也存在着一个重要关系。随着时间的推移，快乐的人更容易改善自己的经济状况。也就是说，金钱也许无法给人带来快乐，但快乐却可以给人带来更多的金钱。

危及生命的“精英病”

2005年3月，在央视《艺术人生》节目中，著名主持人崔永元作为这一期的嘉宾，向观众说出了他离开《实话实说》的缘由：“我每天夜里睡不着觉，到早晨8点还睡不着，看着太阳冉冉升起，大家骑着自行车都去上班，我还没有入睡，我在想很多事情，为什么别人能做，我就不能做，为什么要对自己这样苛刻……”“我病了。”“我得的是抑郁症，而且是很严重的抑郁症，重度。”“不是每一个想法都能实现的，所以某些想法就叫想法，有些想法就叫理想，还有些想法叫空想，还有些想法叫妄想。”

“现实太残酷，竞争和追逐永远没有尽头，我将到另一个世界寻找我的安宁和幸福……”这是几年前，年仅29岁的某面粉厂老板在家中用水果刀割腕自杀前在遗书中写道的。

不肯放弃，不肯降低标准，最后的结果是导致自己痛苦。这就是精英的痛苦，所不同的是有的人在痛苦中麻木，有的人在痛苦中发疯。精英分子往往是一个社会中最有责任感的人，这种责任感成为精英的一种内驱力，成为自己审视自己的一个标杆，可当理想和现实发生碰撞的时候，他们的精神直接受到伤害。美国心理学家曾经说过，抑郁、焦虑、失眠、强迫等症袭击的往往都是有抱负、有创意、做事情非常认真的人。

2005年4月10日，著名画家陈逸飞逝世，享年59岁，再次引起了人们对“精英群体”的关注。就在这一年春节前短短四天内，清华大学相继有两位年龄不到45岁的教师“突然”死亡：1月22日晚，36岁的清华大学电机系讲师焦连伟突然发病去世。四天后的1月26

日中午，46 岁的清华大学工程物理系教授高文焕，因肺癌不治与世长辞。接着就是中国社科院学者萧亮中，猝死时年仅 32 岁。再早些时候，还有均瑶集团总裁王均瑶英年早逝；爱立信中国区负责人杨迈猝死在跑步机上。他们大多是学者、科学家、知名人士、艺术家、企业家、高级经理人，他们所代表的是成功、财富、名誉、智慧，他们是社会的中坚力量，是这个社会的精英分子，他们是强者、是胜利者，但是，这些光环的另一面却往往是软弱的真相。很多人经过多年的奋斗，终于置身精英行列，同时却发现自己也成了“精英症”患者，面临精神、身体的双重危机。

北京大学精神卫生研究所副所长范肖冬说，抑郁症是心理疾患的一种。抑郁症患者 50%有自杀行为，其中有 1/3 的人自杀成功。从某种意义上来说，越是优秀的人，患抑郁症的可能性越大。

崔永元在电视节目中说：“像韩国的李恩珠，包括张国荣，还有好多好多人——海明威、川端康成，那都是大家，但都是因抑郁症自杀的。”

来看两组调查：

零点公司采用专门的心理学测评工具“枯竭量表”，对 415 位北京“白领精英”做了一次调查，以评估他们的心理疲劳程度，如果达到 3 级就意味着心理疲劳非常严重，身心健康正在受到严重的威胁，而最终心理疲劳程度在等级 3 及以上的人数比例达到了 61.4%。心理疲劳的表现是：容易疲倦，缺乏精力，容易生病，脸色不好，与家人或朋友的沟通越来越少，容易忘事，容易忧虑、发愁，有迷失感，难以开心快乐，易急躁、发脾气。

美国《 财富 》杂志（中文版）和北京易普斯企业咨询服务中心针对中国高级经理人的身心状况也做了一次调查，有 1576 位高级经理人参与了调查，调查内容包括个人的压力状态（包括心理健康和身体健康）、心理衰竭水平、压力来源、压力应对方式以及对心理调适的看法等等，结果是70%的接受调查者感觉到压力的困扰。

专家建议：

工作或生活上的失误，往往会给人造成心理负担。别人的吹毛求疵、说三道四，加上身边缺少可以倾诉的对象，更容易使人无力自拔，带来无形的压力。在这种环境里，人们的情感、行为相互作用，思路往往朝着一个方向，容易造成情绪波动，只有寻求一种有效的解脱方法才会放下包袱。这种有效的方法就是“心理卸妆法”。

这种“心理卸妆法”就像女性每晚睡前卸妆一样，把当天心绪整理一遍。对于负面的记忆，要不过夜地尽数清洗掉。具体方法是：在临睡前，可以先想象有一条淙淙流淌的小溪。如果想象不出来，也可以面对一张小溪的图片，回忆当天那些不愉快的经历，让它们全部顺流而去。接下来低吟三句话：“我愿意……”（比如自己最期望的心境）“我有……能力！”（比如能够胜任的心境）“……能使我快乐！”（比如对待使命的精神准备）说完，尽快入睡。

找到称心的工作方式

她是全球著名会计师事务所在中国的高级雇员，薪水丰厚，待遇甚优，是诸多人士嫉妒得眼睛发绿的对象。可她时常就会跟朋友发布一通“马上辞职”的宣言：“不知怎的，这段时间厌职，情绪低落，只要一走进办公室就胸闷气短，真想辞职了事。我把这种情绪透露给了父母，他们马上大惊小怪地乱作一团，最后总结性地批评我：打工谋生的人有什么资格谈厌职？我一听，更是怒火中烧，我怎么就没资格厌职了？打工的就不能有自己的心情？必须毫无怨言地夹着尾巴做人？”

称心的工作方式对每一个人来说都是十分重要的，因为它能使你的才智和创造力得到充分的发挥，最容易使你的心理保持平衡。

在如今，很多美国人都在重新思考他们的工作方式。认识到这一问题的不仅仅是工人们。很多企业已经对员工的工作环境做了相当大的改善。这些企业大多是排名《 财富 》500强的大公司，在美国各地都有分支机构，例如AT & T、美国银行、美国捷运公司、通用汽车、杜邦、伊士曼化学公司、美国艾德纳人寿保险公司、全联保险公司、摩根大通公司、德州仪器、诺思壮公司、朗讯科技有限公司、IBM和施乐，这只是其中的一小部分。同时，数以百计的小公司也正在进行这样或是那样的改革。

要想简化你的工作，你可以试图说服现在的老板，采取一些措施来建立和维护一个友好的工作环境。如果不行，那么你就想办法换到一个有这样的环境的公司工作。在大多数公司里，管理阶层和同事之间都有这样的共识，任何会利用灵活的工作时间、在合作中投机取巧、或是做出类似事情的人，都得不到奖励或是提升的机会。如果你提出要在有规律的环境中工作、生活，就等于告诉你的老板你没有能力适应这样紧张的工作。

但有不少公司不仅已经有了灵活的工作计划，让员工和经理人都对新的工作方式有所了解，让员工知道应该如何很好地利用这些措施，而且还把执行人员的工资和这些措施的实施情况直接挂钩。想想看，现在的经理人要做的是，确保他们的员工能够充分利用公司提供的灵活工作计划。这是前所未有的。

在美国，目前每年都有越来越多的公司向员工们提供方便家庭的服务和措施，例如母亲可以带全薪休产假，而且在母亲的产后恢复期间，父母双方都可以带全薪休假。很多公司里也实施了哺乳期计划、收养帮助学龄前儿童和小学生的日托服务中心等服务措施。

还有一些公司提供其他的服务，让员工的孩子在上学前和放学后都有人照看，有人打理后勤工作、照顾生病的孩子等等。很多公司都逐渐扩大了方便员工的服务范围，上至照顾老人，下至看管小孩，应有尽有。

此外，很多公司还为员工提供其他的服务，以便他们能够更加轻松地工作。从公司的体育馆、健身中心、免费或收费餐饮中心，到家庭突发事件救助、公司出资的法律和咨询服务，乃至购物和送货服务，简直是无所不包。

这些公司不仅仅向员工提供数目可观的薪金、保险、分红、公司出资的养老金、股票购买计划和免费医疗服务，而且还资助员工读大学、读研究生，提高他们的专业水平。

但是，尽管这些措施是很重要而且极具创新性的，但是这还远远不够。很多公司已经开始意识到，要想吸引人才并防止人才外流，他们必须提供员工真正需要的东西：一个对员工个人和家庭都有利的工作环境，一份令人满意的工作，有规律的生活，以及进一步发展的机会。在中国，也有越来越多的公司正在朝这方面努力。

显然，这些变化的出现，并不是因为公司的老板们变得大公无私了，而是因为人们渐渐意识到，一个对员工个人和家庭都有利的工作环境是吸引人才和防止人才外流的法宝。同时，他们也发现，如今，工作环境不顺心的时候大多数雇员都会毅然辞职，而培养新手来接替这些老雇员也要付出相当大的代价。而且更重要的是，当人们在舒适的环境下工作的时候，他们的工作表现、投入程度、生产效率和创收能力都会比较高。这些问题同样关系到一个公司的发展前景，只要一个公司还要积累生产力，它就必须提供像样的条件来吸引和留住人才。

设想这样一种工作环境，在这里，你能够充分发挥自己的才能

和想象力，能够高效率地工作，并且逐步走向成功。

在这种工作生活中，你有足够的时间能够和你爱的人们一起度过。

在这种工作生活中，你能够心情舒畅地帮助你的同事，为客户服务，也能够欣然面对你的家庭、朋友以及周围所有的人。

设想这样一种世界，在这里，你选择的工作能够最大限度地满足你身体和心灵上的成长需要。

在这样的世界里，你并不是在完成什么“工作”，而是在经历一种探索，这种探索的尽头就是我们更加美好的生活。

第九章　情感与理智

在新的观念逐渐取代旧的观念的今天，同事关系、朋友关系，以及爱情与事业的关系，变得越来越敏感和复杂，也给人们带来了不少精神的困惑与压力。

在处理这些关系中，有时我们心理不平衡，完全是因为自己没有把握好理智与情感的分寸，该用感情的地方却扮着一副严肃的面孔，没有人情味；该理智的时候却陷入感情泥潭，不能自拔。其实，人与人之间应和谐相处，只要找到了感情与理智的平衡点，就会到达幸福的彼岸。

不可用物质来交换感情

一个坚持先干事业然后恋爱成家的男人，以为只要自己挣够了钱，就不会找不到如意的老婆，他的目标是积蓄达到100万元，再去找女人结婚。熬到了35岁，他离那个目标很近了，他以为自己有资格谈恋爱了，可是现实生活却不像他想象的那样，一个他看中的女人，并不愿意嫁给他。他却以为是由于自己的财富还不够多。他接着追求另一个女人，还是没有成功，因为对方看重的并不是金钱。他很痛苦，于是登了个征婚启事：有车、有房、存款多少云云。果然应者如云，可是他却一下子心冷了，不敢接受冲着钱而来的应征女郎。

男人通过积累财富来实现自己的价值，并从中获得“户主感”与成就感，这两种感觉成为男人的动力，拼命工作，并在潜意识中把财富交换为爱情。这一点有历史的渊源。在商品经济的初期，大量聚集物质成为男人乐此不疲的游戏，认为有钱才能赢得别人的尊重和信赖，赢得女人的爱。

有人进行对比：女人在衡量男人是否爱她的时候，往往这样揣测：他给了我多少感情？而男人在询问自己是否爱一个女人的时候，会这样计算：我给了她多少物质？

男人的角色意识决定了他们常常通过分配物质来分配感情。打个简单的比喻：一个男人的薪水是1000元，拿到手的时候，如果他把700元交给老婆，把200元交给父母，100元留给自己，由此我们可以计算得出这个男人的感情分配情况，依次是70%、20%、10%。或许你觉得这样的比喻有点可笑，但仔细想想，天下的男人大抵如此。70%那份是责任和义务，20%是良心和道德，而剩余的10%，则是对自己的辛劳的一份安慰了。

这本身就是一个失衡的分配，价值的倾斜，功利色彩浓郁，所以很多有钱的男人，娶回美女后，心理又会不平衡，认为自己这么有钱，可以进行再分配，于是又拿物质与感情交换，“养小蜜”、“包二奶”便成了他们的选择。

物质尽管会决定爱情的走向，却不会决定爱情的最终结果。没有物质的爱情很纯粹。有物质做基础的爱情，当然更好，只是不要把物质替代爱情，更不要拿物质交换爱情，因为既然是交换，就可能经常变换对象，你的生活就会极不稳定，刺激的背后是道德的背叛。一些男人太看重物质在爱情中的作用，受男权意识（做家主）的影响，以致现在晚婚的人越来越多——积累财富；婚外恋的人越来越多——物质过剩，以金钱交换感情，恋爱（性伙伴）对象不断调换，而真正的爱情却一次没有。

只要两个人有爱情，它就可以超越物质，爱得幸福而绵长。爱情真的很神奇，它可以改变你的态度、你的思维。下面是一个有趣的故事，从中我们可以看出爱情超越物质的力量。

非洲的一个部落酋长有3个女儿，前两个女儿聪明、漂亮还很能干，都被人用9头牛换走了。这在当地是最高的聘礼了。第三个女儿到了出嫁的时候，却一直没有人肯拿9头牛来娶她，原因是她非但不漂亮，还很懒惰。后来一个远乡来的游客愿意出9头牛。酋长很高兴，就把三女儿嫁给了这个外乡人。

过了几年，酋长去看远嫁他乡的三女儿。没想到，女儿不但能亲自下厨做出美味佳肴，而且还变成了一个气质超俗的漂亮女人。酋长很震惊，偷偷地问他的女婿：“难道你是巫师吗？你是怎么把她调教成这样的？”酋长的女婿说：“我没有调教她，我只是始终坚信你的女儿值9头牛，所以她就一直按照值九头牛的标准来做的。

就这么简单。”

这是一种心理暗示的作用。这种心理其实非常神奇，尤其在爱情婚姻关系中，你认为对方是什么样，有可能对方就真的会变成什么样。把握了心理的平衡，爱情与物质的关系重新整合，爱情的价值就会升高。

但丁说：“爱情使人心的憧憬升华到至善之境。”如果你总怀疑对方爱的是钱，那么有一天对方也许会真的跟大款跑了。如果你总是抱怨对方不懂得爱，对方就会变得愈加冷漠。如果你总是觉得自己不如对方，长此以往，对方也会认为你没有魅力。

反过来，如果你把爱情看得比金钱高，每天发自内心地赞美你的爱人，而不是诉苦、抱怨钱多钱少，那么你一定会发现，对方也在悄悄地改变——正是朝着你所希望的方向，过纯粹爱情的生活，不在意你是不是成功男人，是不是会挣钱。

要想改变对方，还是先改变自己吧，你会发现，其实自己就是爱情的巫师。

如何消除疑心病的折磨

一个女人的倾诉：我有一个彼此深爱的男友，但我却常常被爱情折磨，茶饭不思，夜不成眠。

因为我怕爱上的是一个不珍惜感情的人，害怕他移情别恋，害怕他绝情离去。我们还未走入婚姻的殿堂，我却早已开始担心婚后生活的不幸，千百次地设想种种凄惨的结局。每次他出差离开这个城市，我都担心他永远不再回来了，他每次的出行，也好像只是为了逃避我，也许他正在计划一场永久的逃离，我非常担心有一天这种想象会变成现实。

我分不清预感与猜疑之间的界限，我被自己的想法压得喘不过气来，整日处于一种极度不安与焦虑状态，我日复一日矛盾着、憔悴着，早已失去了先前的光彩与自信，我该怎么摆脱这种状况？

卡森·麦卡勒斯说过这样一句话："爱情是发生在两个人之间的一种共同的经验。"如果让疑心病占据着自己，感情与理智之间的平衡点会成为盲点，你无法享受到真正幸福的爱情，因为在怀疑的女人看来，男人能够接受一段感情之前，他的思想必须首先成熟起来，而判断一个人是否成熟却是一件很困难的事情。照这样的思路，他送你鲜花、与你的朋友甚至家人见面都变得不可靠。因为为了赢得你的芳心，他会使出浑身解数，甚至不惜制造一些假象。

感情总是需要两个人不断地用心去经营，一天又一天，一年又一年……真正的情侣就是这么磨合到一起的。疑心病的人把对方一切出于真情的行为看作不真实，两人相处得时间越久，越造成彼此的伤害。疑心病者应拿出理智驱逐胡乱的猜测，留下信任。

由于在社会扮演的角色不同，应酬性事务较多，一些男人不得不与恋爱对象暂时离开一段时间，或者暂时掩盖他们之间的关系，这种现象存在于不少男人身上，使他们看上去好像对感情不专一。女人因为很少出门解决事务与应酬，所以没有亲身体验，当男人几天不与自己见面，就感到委屈，甚至不再理睬对方。有的女人由于不太会处理问题，常在不知不觉中阻绝了男人的爱，降低了自己的吸引力。

有个年轻的打工妹，在一家超市当收银员，她男友是一家饭店的厨师，两人恋爱快一年了。这年年底，男朋友回老家时把女朋友一同带回，见见父母，顺便把婚事定下来，还送给她一枚金戒指。但回来后男友接连几天没有来见她，她便联想到男友曾和别的女孩在一起玩，疑心顿生，她怀疑男友已经移情别恋。

第三天的黄昏，男友来了，她却与他大吵一顿，把男友骂走之后，仍伤心不已。第二天天亮时，她越想越难过，竟将男友送给她的金戒指一口吞下，打算一死了之。吞下戒指后，她开始后悔害怕，就摇醒两名室友说了真相。两女孩立即给她的男友打电话，一块将年轻姑娘送到了医院……

当男人暂时离开自己，哪怕是受了委屈离开自己，女人千万别急着去追他回来，因为男人希望女人接受他的暂时逃离。男人就像橡皮筋，当他被用力拉开时，是有极限的，等到极限一到，他自然就会弹回来。

女人常常以为关系越亲密越好，所以当男人暂时离开，女人会想尽办法了解到底是哪里出错了。聪明的女人会给男人适当的空间和信任，甚至鼓励他多跟朋友在一起，而男人迟早会因为女人的体谅重回她的身旁的。

自卑、怯弱和依赖是女性普遍的心理特征，是女性恋爱时最主要的心理障碍。对此，女性应学会“悦纳自己”，肯定自己，不妄自菲薄，不要乱猜测和怀疑。

很多女人一生的志向就是寻找可以与自己契合的另一半，于是对爱情进行理想化，好像自己只是半个圆，如果不能完成一个圆，内心就会有一种缺憾。为什么不能相信自己已经是个完整的圆呢？

你将自信建立在他对你的肯定，你将希望放在对方的身上，那么一旦没有了他，你的世界可能失去。所以在相信对方的同时，更相信自己就是一个完整的圆、完整的个体。

爱人怎么变得不可爱了

一个女人与她丈夫离婚的理由是丈夫的性格让她接受不了。那是个感性的男人，幽默风趣，当年正是这一点赢得了她的芳心，两个人共同生活了7年。可婚后，她再也不能接受他的感性色彩的爱：一个大男人，在与她争吵时竟流下眼泪；竟当着他的朋友吻她；总爱对她的漂亮女友耍贫嘴、开玩笑。她觉得他像个孩子，一点儿都不成熟；希望他是个成熟的男人，对待生活理智一点。可是“七年之痒”，没有忍住，她向他提出了离婚。在她看来，经历了一次失败的婚姻，现在一定要找一个理性的男人结婚。可是理性的男人就真的是她喜欢的吗？

世上男人形形色色，有很多种。如果从物质的角度来简单地概括一下，男人可以分成有钱的男人和没有钱的男人。但从性格特质来看，男人可分为感性男人和理性男人。这两种男人都有女人喜欢，也都会找到自己的爱。

感性的男人爱的女人也许并不那么可爱，但是他们对爱的执着，让人为之心碎。一次，梁朝伟到上海，有娱乐报刊记者特地从广州赶去采访，本来带着“这回一定要问问刘嘉玲”的想法而去，但到了面对面时，眼见年已四十的梁朝伟尽管眼角有鱼尾纹，笑容却有如孩子般纯真。刹那间，他有了顿悟：也许刘嘉玲并不能配得上伟仔，但显然，伟仔对爱仍充满憧憬，光是这一点，就已经够了。

至于理性男人，就是那些视事业为他们生存第一需要的男人。例子就不用举了，因为我们身边比比皆是。

理性男人常常把成功当成他们生活的终极目标，有了事业，就有了一切，诸如娇妻稚子唾手可得，这是他们的座右铭。一旦事业与爱情有冲突，他们常常会理所当然地要求爱情让位。在他们看来，事业的机会很容易流失，而爱情却是“天涯何处无芳草”。你喜欢理性的男人吗？是的，佩服他的事业心，顽强的意志力，但是你能为他的事业做些什么？你愿意在他内心的位置中排在事业之后，并且不委屈吗？有的男人，善于处理爱情与事业的关系，既要事业，又要爱情，但决定成功的是女人的配合，如果他遇到的是一个不许事业与爱情力量对等而须爱情占更重的比例的女人，那理性的男人也只有做出牺牲了，要么要事业，要么要爱情。

不过，不容否认的是理性男人稳定、坚强，犹如磐石般可靠。而女人有时渴望安定下来的愿望，却有如叶落归根般地久天长。所以，有的女人在年轻时候选择了感性男人，而到了后来，却又欣赏起理性男人。

是不是就是这个原因，导致这个年代的男人越来越理性呢？

尽管男人不能容忍女人说自己“不够帅”、“不幽默”、“不聪明”甚至于“不性感”，但更恼火女人自以为是地说：“哎，你太不成熟了。”

在女人心目中，理性是成熟的特征，而成熟男人的标准是这样的——有经济基础，尤其当他成熟到想成为她的丈夫，那么既然人们用金色来形容收获，女人也就理所当然地用金钱来判断男人的成熟。有事业基础，也许发财并不是每一个男人都能做到的，但如果男人自己都觉得一事无成，在女人心目中又怎能立得起来呢？

成熟的男人知道自己想要什么，不想要什么，懂得坚持也懂得放弃；成熟的男人勇于承担责任，虽然有些过错并不都是他造成的；成熟的男人明白过于计较是男人最不能原谅的错误，所以，他是足够宽容的；成熟的男人拥有大智慧而不是小聪明。

成熟的男人一言一行能让女人学到很多东西，而不成熟的男人只能让女人教他；成熟的男人懂得珍惜和照顾女人，出去郊游，他一定不是只顾自己跑在最前面的人；成熟的男人不会在大街上和女人吵架。

成熟的男人不会强迫女人穿他喜欢而她不喜欢的衣服，不会随便和女人开低级玩笑；成熟的男人让女人知道她错了，却不会让她没面子，让女人放松而不会让她紧张；成熟的男人在女人面前既会做父亲也会做儿子，并且会把他的儿子培养成真正的男子汉……

做到如此成熟的男人有几个？所以，女人这样的要求只会给自己带来痛苦，给在意女人看法的男人带来痛苦。日子一天天过去，那个心理失衡的女人，不知道其实并不是丈夫变得不可爱了，而是自己的心理变化了，这种变化或受环境的影响，接受了一种虚妄的审美观，以为男人应该怎样不应该怎样；或随着婚姻生活的发展，对“好男人”的个人观点变了，以为理性的男人就是“好男人”，感性的男人靠不住。

一个年龄段有一个年龄段的认识和体会，不是爱人变得不可爱了，而是自己不去积极地接受对方了。他感性化，说他不够理性；他理性化了，又嫌他不够浪漫。这种心理影响夫妻感情。所以，对自己爱人的看法或评价，也得找个平衡点，即建立在感情基础上的理智的评价，这样才会赢得对方的爱，也才能够接受对方的爱。

安恩·拉德斯说：“爱是火热的友情，爱是不受时间、空间、环境影响的忠诚，爱是人们之间取长补短的组合。”心理健康的夫妻善于适当地彼此称赞、感谢对方，也时时让对方知道自己的喜好；同时，尽量避免不必要的，会伤害感情的举止行为；随时注意培养相互的情感。

夫妻所建立的关系，是一种特殊的人际关系。本质上是属于私人性的、长久性的、进展性的、契约性的关系。就夫妻关系而言，

一方面要建立起牢固的夫妻联盟，树立亲密的夫妻关系，同时，也要注意保持彼此的个人天地和私人界限。

如何让心与心一起共鸣

她和男友相恋三年，她应该顺理成章地成为他的妻子。但在她的记忆中，男友一直不曾对她温柔地说过“我爱你”，觉得他一点儿都不浪漫。

直到有一天，男友郑重地对她说：“我们该结婚了。”她找不出拒绝的理由，但也找不到立即应允的感觉。她说要考虑一下，她想让男友给她讲出答应的理由。男友竟点点头，没有表示任何异议。结婚成了摆在她面前的严峻的问题，能不能嫁给一个缺少浪漫的人呢？

不少年轻人习惯于将爱情幻想成充满浪漫的故事，会得到许许多多出人意料的惊喜。但实际上，在爱的历程里，最让人感念一生的，往往不是那些平常总挂在嘴边的“浪漫”或“刺激”，而是那些不经意地渗入两个生命中的小小细节，看似无心的一举一动，其实包含了心与心的共鸣以及爱的默契。

一对夫妻一起上街，并肩走着。到了一个拐角处，街道忽然变窄，本来在丈夫右边的妻子轻巧地向前一跳，跑到了他的前面，走在他的左边。丈夫忽然慌了，急忙跑步赶上，将妻子拉到右边，说了声“危险”！一辆大卡车就在此时呼啸而过。

并没有惊魂的事情发生，只是卡车将地上的泥水溅了丈夫一身。他仍在嗔怪妻子：“不是告诉过你，走路要走在我的右边，为什么不听？”这只是一瞬间，妻子却感到超过一生的感动和幸福。丈夫一直对她呵护有加，即使走路时也要将她放在右边的内侧，他用他的身体为她遮挡左边外侧的人流及一切。

妻子感到她是世界上最幸福的人，而在这之前她总是以为他不懂得爱，不够浪漫。

真正地爱一个人时，其实不需要用什么方式，你只需在一旁默默地注视着，用心去体会对方的快乐和痛苦，并在对方感到失意时及时伸出温暖的双手。

男女相识相爱，走进婚姻的殿堂，彼此之间要互存感恩的心态，感谢对方来到自己身边，无怨无悔地陪伴自己；感谢对方付出了真情实意，共同构建了一个小家庭。

比浪漫更珍贵的是爱。

“我是幸福的，因为我爱；因为我有爱，所以我幸福。”记住白朗宁的这句话。

夫妻相处久了，相互的缺点要能彼此忽视，彼此包容，要看到对方的优点，并经常赞扬对方，让对方永远觉得自己是家庭里不可缺少的，感觉自己在家庭里的分量无可比拟。

虽然婚姻生活是琐碎而平淡的，但是只要我们用心去经营，努力去适应，我们同样能够从中体会到无穷的乐趣。

如果你的爱人不够浪漫，那么，用你的浪漫与温情去感化他吧！

注定恋爱难成的几类人

一个多次恋爱失败的男人，通过工友认识了一位女青年，为了博得对方的芳心，他编造了“有一套房子，父亲经商，家里有钱”等谎言，仅过了10多天，两人便建立了恋爱关系。但是，双方交往不久，女孩便识破了骗局，提出与其分手。他则死缠硬磨不放，女孩稍有不从便遭到殴打，还以放火烧和炸药炸她家相威胁，扬言："我得不到的，别人也休想得到。"一天傍晚，他趁女孩全家在楼上看电视之机，攀爬进入她家二楼女孩的卧室内，用随身携带的打火机点燃蜡烛，把熔化的蜡烛滴在被子上，然后点着被子。逃离现场后，他还打电话到女孩家，疯狂地叫嚣："我已经把你家的房子烧了！"

恋爱者喜欢进行比较，将所选异性的条件与自己心目中恋人的模型进行对照、思考、鉴别其优劣，以决定其取舍。

一般说来，比较心理状态有两种：其一是事先有明确的择偶标准和目标，其二是事先没有明确的标准和目标。恋爱比较心理在经过多次恋爱的人的身上很容易出现。他们接触的异性多，而不同的人有不同的优点长处，有不同的生活风格，于是，他们往往将自己欣赏的特性进行综合加工，铸造成心中的理想偶像。由于失败次数多，心理负担重，又想得到心中的完美偶像，于是有的人就编造谎言欺骗对方。

谁不想得到完美伴侣？研究人员曾上网做过调查，发现有 10 种类型的人，较难与异性发展亲密关系，走进婚姻的殿堂。这些人的人格发展都有些偏颇的迹象，造成心理失衡当然也各有其原因。

第一类，悲情主义分子。

这类人对异性是渴求的，对恋爱是疯狂的，但他们的心中却有千千结，死命钻牛角尖，他们总是偏执地认为自己的恋爱要"惊天地、泣鬼神"，轰轰烈烈，要经历千辛万苦，受尽种种考验折磨，因此总是制造悲剧情节，或感召一些烦恼重重的人谈恋爱。结果该分手的时候不分手，拖到最后还是要分手，或者恋爱时吵吵闹闹，分手后又藕断丝连，想着对方。这也是一种情绪上的自我虐待狂。

第二类，喜欢自由的人。

这类人觉得一旦在感情上稳定下来，就会不自由，而不自由毋宁死，所以或多或少地害怕亲密关系。因为爱自由而不肯进入婚姻的人，其实也不过就是在爱情上维持自由，但也许就因此丢掉了人生的机缘。人生不是只有爱情这一件事。这就是那些不肯进入亲密关系的人所体会不到的。

第三类，博爱的人。

博爱不是花心，更不是建立多角恋爱，而是不懂男女之间那点微妙的情爱，所以，交了很多异性朋友，经常出去约会，但总是很多人在一起，根本没有单独培养感情的机会。建议这种人多看些温馨的爱情电影，多培养欣赏艺术品的鉴赏能力，并多接触大自然，相信情况会有所改善的。

第四类，自愿牺牲者。

这种人的心理很脆弱，女性较多。常常因为不忍心和愚蠢，把男人沉重的人生问题扛下来，弄得自己进退两难，对方不能有所长进，自己也筋疲力尽，最终人财两失。其实人生来都有自己的问题，都要经历成长的过程，常因脆弱而敏感的好心，搞得双方都不快乐。记住，当你认为你的伴侣不能解决自己的问题，而必须由你来插手时，在精神的层面上，就已经小看了对方的能力。如果再进一步培养对方的依赖性，就已经损人而不利己了。

第五类，事业心过强的人。

这类人口口声声说没有异性朋友，年纪不小了，也很想结婚成家，但每天都为事业而忙。问他们肯不肯抽空参加男女交谊活动，回答是没时间。事实上花那么多时间给事业，是一种不安全心理作祟。事业心特别重的人，往往认为不需要为感情付出更多。其实，事业心过强的人不了解，亲密关系的培养和事业一样要花时间。人生环环相扣，家庭的圆满可以让事业更通达。

第六类，过度依恋的人。

这种人总是赖着对方，黏着对方，把对方压得喘不过气来。他自己的感觉是好得很，陶醉得要命，对方却有苦难言。这种人不了解，越是黏紧对方，越会丧失自我的魅力，使本来应该充满情趣的爱情生活变得平淡单调。在两个人的世界里头，还是各自需要一些独立的空间。过度依恋只会使自己失去个性，失去神秘感，妨碍进入亲密关系。

第七类，害怕付出的人。

这类人如果在还没有感觉对方已足够付出之前，就要自己先付出或牺牲，即使很微小的利益，也是绝对做不到的。这种心态也易发展出一种过度挑剔并放大对方缺点的现象。不能接受不完美的伴侣，标准过高都会妨碍双方进入亲密关系。

第八类，有强烈的不安全感的人。

成长过程遭遇不断的刺激，就会形成强烈的不安全感。在没有感情交流时倒还能安然自若，一旦有了和异性产生亲密关系的机会，反而疑神疑鬼，坐立不安，总觉得有些地方不妥，认为自己无力消受这份爱情。这样的人是很难进入亲密关系的。

第九类，好奇心太强的人。

这类人感觉能力较薄弱，不以感情满足为生命里的重要目标，反而由于好奇心强烈，把和多个异性发生感情的经验，当作自己满足好奇心的一种手段。这种人处处把好奇心放在感情的前面，因而没办法尊重他人的感情，只能离亲密关系很远。

第十类，自私自利者。

这类人无论做什么事，都以自己得利作为标准，由于是在自己的利益上思考问题，因而很难为别人着想。强烈的自我意识，使他不允许自己为别人牺牲任何利益，即使为了朋友。由于他们只有自己，没有别人，因此很难进入亲密关系。

在如今欲望重重、诱惑多多的社会里，对于正在或已进入围城的男男女女，如果没有相应的定力，没有适度的控制力，不负责任的男人女人就会犯下不可挽回的错误，有的会脚踏两只船，有的被虚拟的网络情感所迷惑，有的会深陷在婚外情的沼泽地里，无力自拔，严重的会使自己的家庭摇摇欲坠，分崩离析。

不要苛求对方，两个人要发自内心地相互接纳，相互同化生活才能和谐。

如何避免争吵升级

李丽和张勇是高中时的同班同学，两人成绩优秀，又志趣相投，结婚后一段时间也很幸福，可是他们彼此都少了一份经受挫折的能力。面对社会的喧嚣和生活的压力，他们之间有了争吵。“夫妻哪能有不吵架的”，李丽总是这样自我安慰，尽力忍让，苦心经营自己的“幸福婚姻”。一天晚上，夫妻两人为点琐事吵了起来，张勇抽出皮带，狠狠地抽打着妻子。一道道血口子疼得李丽满地打滚，她冲出家门要回娘家。张勇似乎醒悟了，他拉回妻子，向她道歉，请求原谅，保证以后再也不打了。望着后悔的丈夫，李丽不知道该不该原谅他。

夫妻间争吵过多，所谓“大吵三六九，小吵天天有”的话，就会使感情受到伤害而产生隔阂。“哀莫大于心死”，当一方饱受伤害之苦而达到忍无可忍时，就会使之对婚姻丧失信心。

面对丈夫一次次挥舞着的拳头，有的女人选择了走上法庭、结束痛苦的婚姻，这无疑是一个明智的选择。

但是，夫妻俩思想不同、生活背景不同、思维方式不同、行为方式不同，生活在一起，怎么会没有矛盾？矛盾并不可怕，可怕的是矛盾升级，发展为家庭暴力。

有了芥蒂，就要及时交流和沟通——这是避免家庭暴力的途径。

不少问题夫妻寻求帮助，他们的矛盾很大程度上就是因为没有及时地相互交流和沟通，除了吵闹就是冷漠。

为什么不和他（她）好好说说？对方却说自己没有心情。即使真的是这样，也得从改变自己的心情做起。自己的心理失去平衡，不可能去校正对方的心理。作家卢梭说过：“你只要有一件事对你所爱的人保守秘密，你不久就会无所顾忌地把什么事情都对他保守秘密。”

夫妻发生矛盾，先要冷静，然后找个恰当时机开诚布公地谈一谈。如果你想挽救婚姻，这是唯一的出路。心结心解，由心而结，也由心而解。不管什么样的方式，当面也好，书面也罢，积极的行为决定最好的结果。

吵架并不可怕，高明的吵架有助于夫妻间意见的统一。

婚姻可以有很多的比喻，但有个比喻，那就是把婚姻比作只有两个船夫的船，如果有谁不肯出力，那船只会原地打转。只有两个团结的人同心协力才能把船驶向幸福的彼岸。路途上，可能有暗礁，可能有风雨，可能有更美丽的景致，但只要团结，记住当初上船时的誓言——爱他（她）一生一世，其结果就是美好的。

现代社会对于结婚和离婚都宽容多了。这些宽容让我们可以更加理性地注重婚姻的质量。在目前的高离婚率现实下，一种新观念正在将爱情和婚姻进行游戏化的包装。其内核是“不在乎天长地久，只在乎曾经拥有”。这样的趋势不会带来人生真正的快乐和幸福。

所以围城中的男女也好，婚姻殿堂里的夫妻也好，都要怀有一颗持久的心，不能脆弱和浮躁，一两次争吵，或者意见不统一，可以调解磨合。沙滩上搭房子的游戏，是建立不起爱情与婚姻的大厦的。

幸福婚姻和家庭不可缺少的元素：

1. 宽容：人非圣贤，孰能无过。在婚姻的漫漫旅程中，有夏暑冬寒也有风霜雪雨。面对生活中的一些小矛盾，学会宽容和忍让，你就会发现，幸福其实就在你的身边。

2. 信任：相互信任是婚姻巩固的基石。

3. 沟通：夫妻生活以及生命中的各种际遇，是一种不断变化、不断死亡、不断更新的动态过程。自以为很了解对方，却没想到心中的爱人，也随着时光岁月，渐渐成熟与变化。只有通过沟通，才能让变化中的人彼此了解。

4. 责任：责任是夫妻双方要对自己的家庭共同承担的义务。如果失去了责任的约束，任由内心的各种私欲膨胀，那么欲望泛滥的结果就是爱情的枯萎、婚姻的死亡。

如何改变对男人的刻板心理

她听到了不少关于男人的坏话，在同学和朋友圈子中，她知道谁被男友骗了，谁成家后总是遭丈夫打，还有在她看来一个深爱妻子的男人，后来竟又搂起了别的女人……耳闻目睹的事情太多了。她总结道：男人都坏，坏男人像披着羊皮的狼，眼睛总是盯着女人。为此她很害怕恋爱，只能把爱情这个美好的字眼藏在心里。她也在观察身边的男人，可心里老是告诫自己：那是坏男人，他的热情、友好、幽默、风度等等都是陷阱，要小心啊，不能让他给骗了！既想走进伊甸园品尝爱情，又怕遇到坏男人，这使她的心理完全失衡，生活得一点儿都不开心。

现实中，许多女人总是提防男人，怕他不忠于自己。有些女人事业不错，可在生活中却很孤独，因为她们对男人没有好印象，选择不到自己如意的男人，以致一直保持着单身。这种情况是由不健全的心理导致的，的确有不少男人感情很随便，喜欢同时跟多个女人交往、做性伙伴，但世上不全是坏男人。

把男人都看成坏人的心理是不健康的，是有害于自己的。好男人大有人在。有位小姐是单位的高层主管，很漂亮很能干，但她就是因为一次恋爱的失败，对男人不放心，以致心理变态，喜欢训斥人，她说她要做老虎，把坏男人——披着羊皮的狼咬死。她事业顺利，情感生活却是空白。一方面她看不上普通男人，另一方面很多好男人也怕她。前不久，她跳槽到了另一家公司，在新的环境里她试着换一种眼光看男人，很快她恋爱了，走进她生活的那个小伙子处处保护她，根本不知道她曾是那么恨男人。

女人有时变换一下角色对自己十分有利。现代社会是一个浮躁的社会，很多人的社会角色都已经背离了自己的本体。角色变换可以让一些聪明人回归自我，也能够让自己以新的视角去重新审视女人与男人之间的关系。

有个女人告诉我，她发现了一种“新男人”。这种男人表面上像狼，实际上是羊。她断言这种男人是现代女人最喜欢的新偶像，因为这种男人看起来很花心却极有吸引力。她说如果按传统的观念去看这种男人，很难看出价值，但只要换一种角度，就能发现他们很可爱。

这种男人有个性，他们自信、风趣、坦率和勇敢，最重要的是心胸宽广善良。他们有学识，观念新，有极强的社会竞争能力。对女人他们特别有兴趣，非常崇拜和迷恋美色。

他们追求高质量的情感，对好女人充满幻想。这种人承认他们离不开女人，公开说他们的奋斗是源于对女人的爱。见到可爱的女人他们就想亲近，害得不少人都说他们是色情狂。

有位漂亮小姐说她接触的一个男人真有意思，那天她和朋友在咖啡厅玩一种“酒吧缘分”的游戏，刚好抽到他与她聊。他一坐下来就说：“你没有男朋友。”

女的很惊讶，反问他：“何以见得？”

他说：“你的状态告诉我。”

她问他：“你有女朋友吗？”

他回答：“除了今晚，我很难找到。”

她说：“为什么？”

他很直接地说：“因为你很好，只有我才配。”

见面第一次她对这个男人有了好感，居然将自己的手机号码给了他。每次与他约会，她的思想都会产生巨大变化。他告诉她要宽容地面对这个世界，一切随意而不刻意。他还说不要用现在的眼光来设计未来的人生，要站在晚年的角度看眼前，视野会宽广很多。与他相处，她感到生活很真实。他很坦率，什么都说，令她的情感有一种极富刺激性的挑战。

看上去是个花心的坏男人，却是个心眼特别好、遇到真正喜欢的女孩就用心去爱的好男人。她感叹，区分好男人与坏男人，要认真慎重，但也要随缘。

有个女人说：“不要在乎男人的形式，用自己的爱，把男人的伪装脱掉，让他成为一个好男人。”这话说得太好了，相信自己有改造男人的力量。生活的旅途中，你当然要找到好男人为伴，但不小心遇到了一个所谓的“坏男人”，那么就用自己的爱去把他变成

一个好男人。最可怕的是戴着有色眼镜，把所有男人包括好男人都看成坏男人。

爱一个人就是在寒冷的夜里不断升腾的温暖。用你的爱去感染他吧。

冷漠妻子可能发生婚变

酷爱网络游戏的陈先生被人勒索2000元，他急忙报了案。第二天，游戏大盗出来自首，但出乎意料的是，勒索者居然是陈先生的妻子胡女士。

胡女士和陈先生是大学同学，结婚已有5年，感情一直很好，从没吵过架。但自从陈先生迷上了《金庸群侠传》后，“天天一进家门就知道玩游戏，饭做好了得叫好几遍，非得我和他急了才吃，晚上玩到很晚都不睡觉，平时我想和他说说话，他就心不在焉地应付几句，有时候说了半天他都不知道我在说什么，眼睛一眨不眨地盯着显示屏。我们十天半个月没有一次性生活……”胡女士越说越有气。

看着沉浸在虚拟世界中无法自拔的丈夫，胡女士既心疼又生气，本来相敬如宾的夫妻开始争吵。一位在网络公司上班的朋友听说后，给她出了盗取陈先生游戏“武器”的主意。为了让陈先生彻底死心，胡女士自称“游戏大盗”“索要”2000元，以为这样丈夫就会回心转意，不再玩游戏。

不能把握感情与理智的关系，男人很难读懂女人，更难读懂自己的妻子。因为他把妻子看作是放在保险柜的不动产，知道她的存在，但已不再激动，也没有读她的激情。

婚姻是什么？犹太人有句格言：“祈求三样事物吧：一个好婚姻，一个好胃口，一个好梦。”这句话也适合我们。可是有些人“贫穷不可以忍受，富裕不可以共享，平淡中又觉得缺少激情。”结婚几年过去，男人用一句最简单的话“对妻子没有了激情！”作为猎艳的理由，去背叛婚姻，打破了夫妻间的情感平衡。可是，寻求刺激过后，很多男人才发现外面的世界虽然精彩，可是也好无奈和虚伪，平淡才是真，妻子是你永远的守候。终于又回到了平衡点上——彼此接受对方。

其实当你随意地说出没有了激情的时候，我觉得是对妻子的冷漠与不尊重。因为，你仍然要和你的妻子度过多少日日夜夜。只要你愿意，不管你的妻子心情如何，不管你的妻子多么累，不管是你深夜归来吵醒她，你的妻子都在默默地给你快乐。可是婚后，你给予妻子多少柔情和亲吻？只是快速地完成你的生理本能吗？所以，女人对丈夫又有多少激情呢？因为激情需要你的呵护和激发。

我很欣赏一段话：其实妻子是为你付出、给予你快乐最多的女人，一个男人要对自己的妻子负责。有一天，哪怕你不再爱她要离开她，也要好好安顿她。

一位女士倾诉：只要她的丈夫晚回来，她搂着孩子总是睡不踏实。整个大院七八十部摩托车，她已经完全可以凭声音判断丈夫是否回来。所以，她睡得迷糊，却一直在听。直到听到了丈夫熟悉的摩托车声音，才放下心来。深夜归来或彻夜不归的男人，你能体会妻子守候的焦虑与不安吗？

有人说：女人是用耳朵谈恋爱的。婚前，男人的甜言蜜语、海誓山盟，每一个细微处的关怀、问候，每一朵玫瑰花、每一条信息，都会让心爱的女人心醉、幸福。记得一位母亲忠告自己的女儿：不要相信男人的甜言蜜语。可女儿陶醉地说：妈妈，那些是谎言吗？可是它们太美妙动听了。诚然，太虚伪、太肉麻的赞美会让人反感，可是带有真心的、哄人开心的赞美总让人喜欢。

可是，婚后的男人对妻子为何如此吝啬一句赞美、一句甜言蜜语呢？

休息日，素贞清早起床，清洗床单、被套，然后抹窗户、沙发，清洗厨具、拖地，累了一上午，整个房间焕然一新。然后，买菜、做饭，静静地等丈夫回来，也渴望等到一个甜蜜的吻或者一句赞美："老婆，辛苦了，菜真好吃。"可是，丈夫回来了，像往常一样，换掉鞋子，然后坐下吃饭，并没有任何感觉。也许，所有的男人都认为，这一切原本就是天经地义的，是妻子该做的。

素贞只想说："我的爱人，我不需要你经常的甜言蜜语，那样你也会觉得好烦、好累、好不真实。然而，在我生病的时候，请给我多一点点关怀，它是最好的良药；在我买到新衣服，换了新发型的时候，适时地给一句赞美；偶尔也可以发一条短信给我，让我感受你的一点儿温情。"

一天，我的一个同学打电话告诉我，说男人好累、好烦，那天工作上出了点差错，被领导批评、同事嘲笑。于是到外面借酒浇愁。回到家，妻子看到喝得醉醺醺的丈夫，唠叨了几句，结果丈夫把满腔的怨气和不满发泄到妻子身上。妻子不是丈夫的私有财产，是有血有肉的人。我理解男人的自尊，也知道他们多么渴望成功以及被重视。我发信息告诉我的同学，让泪水向心中流吧，不要借酒浇愁，少对妻子、孩子发脾气，因为你是顶梁柱，你是孩子心中的"神"。所以，男人的泪水默默流淌，你才坚毅、刚强；男人的欢笑尽情释放，你才洒脱。

性心理学家发现，孤独感是促成外遇的主要原因。如果夫妻缺乏亲切友好的感情交流，孤独感便会油然而生。

有学者发现，夫妻间如有一方把精力全部投入到工作之中，而

忽略了对配偶的关心，结果会造成配偶对夫妻性关系的冷淡。在有可能的情况下，便会去寻找新的性伴侣。

夫妻间性生活是维持夫妻爱情的纽带，它不仅是肉体的结合，而且还伴随着情感的交流。

注意尊重对方的感情。一些社会心理学家认为，从实际情况分析，婚外恋之所以呈增加的趋势，根本原因还在于夫妻患了情感缺乏症。

第十章　宣泄与控制

生活中有烦恼是常事，把所有的烦恼都闷在心里，只会令人抑郁苦闷，有害身心健康。如果把内心的烦恼向知己好友倾诉，心情会顿感舒畅。宣泄与释放，是一种自救方式，但是要注意场合和对象，不能乱诉说、乱发脾气。很多时候，烦恼是由于没有控制好自己的情绪惹起的。所以要在宣泄与控制之间找到心理平衡点，达到有益的效果。

控制自己容易激动的性格

一个球员被裁判示意犯规，他如果仅仅是摆摆手，嘟哝两句，稍微发泄一下，应该说还是在情理之中，并不碍大事，但他没有控制好自己的情绪，挥舞着手臂对裁判大声叫喊。主裁判为了维护自己的权威，出示了一张黄牌，问题是此前他已有一张黄牌在身，因此两张黄牌得一张红牌被罚出场。

被罚出场，他变得非常的恼怒。当一些球迷们喝倒彩，并且个别球迷骂了他时，他向观众席伸出手做了一个骂人的动作，当赛后有记者采访他时，他竟踢了记者一脚。本来他小有名气，可因这场比赛的表现，他在人们心目中的形象大跌。

从前，有一个脾气很坏的男孩，他的爸爸给了他一袋钉子，告诉他每次发脾气或者跟人吵架的时候。就在院子的篱笆上钉一根。第一天，男孩钉了 37 根钉子。后来他学会了控制自己的脾气，每天钉的钉子也逐渐减少了。终于有一天，他一根钉子都没有钉。爸爸说："从今以后，如果你一天都没有发脾气，就可以在这天拔掉一根钉子。"

日子一天天过去，最后，钉子全被拔光了。爸爸带他来到篱笆边上，对他说："儿子，你做得很好，可是看看篱笆上的钉子洞，这些洞永远也不可能恢复了。就像你和一个人吵架，说了些难听的话，你就在他心里留下了一个伤口。无论你怎么道歉，伤口总是在那儿。"

这个故事告诉我们发脾气的危害非常大。但是，要相信伤口是可以愈合的。

年轻时所有的不幸遭遇，造就了华盛顿后来众所周知的坚忍不拔的性格，他学会了成功地对付环境的办法，就是严格地控制自己容易激动的性格。

华盛顿在上小学时，就开始了他毕生的不断约束自己的努力，他辛勤地抄写了100多条“怎样成为一名绅士”的准则，其中包括不要在饭桌上剔牙以及同别人谈话时不要离得太近，以免“唾沫星子溅在人家脸上”等。

1754年，已升为上校的华盛顿率部驻防亚历山大市，当时正值弗吉尼亚州议会选举议员，有一个名叫威廉·佩恩的人反对华盛顿成为候选人。

有一次，华盛顿就选举问题和佩恩展开了一场激烈的争论，其间华盛顿失口，说了几句侮辱性的话。身材矮小、脾气暴躁的佩恩怒不可遏，挥起手中的山核桃木手杖将华盛顿打倒在地。华盛顿的部下闻讯而至，要为他们的长官报仇，华盛顿却阻止并说服大家，让部下平静地退回了营地，一切由他自己来处理。第二天上午，华盛顿托人带给佩恩一张便条，约他到当地一家酒店会面。佩恩自然而然地以为华盛顿会要求他进行道歉，以及提出决斗的挑战，料想必有一场恶斗。

到了酒店，大出佩恩之所料，他看到的不是手枪，而是酒杯。华盛顿站起身来，笑容可掬，并伸出手来迎接他。“佩恩先生，人都有犯错误的时候，昨天确实是我的过错。你已采取行动挽回了面子。如果你觉得已经足够，那么就请握住我的手，让我们做个朋友吧！”

这件事就这样皆大欢喜地了结了。从此以后，佩恩成了华盛顿一个热心的崇拜者和坚定的支持者。

性格是造成人们差别的重要因素。但性格本身没有优劣之分，

外向的人和内向的人都有其长处，也有不足。绝大多数人的性格都具有多重性，有时表现为外向，有时又表现为内向，健康的性格并不以外向、内向来衡量。一些公认的不良性格，需要予以避免，如动辄害羞脸红、斤斤计较、郁郁寡欢、谨小慎微、孤僻胆怯，或口若悬河、说话鲁莽、粗心大意、自我吹嘘、感情冲动等。只要能最大限度地发挥自己性格的优势，排除自己的弱点，就算是一个性格健康的人。

培养和保持健康的性格，学会疏导内心的愤怒，不要把一切都怪罪于他人，善于与人合作，通过向他人倾诉烦恼而取得谅解或理解。学会绕过生活的礁石，使自己最终成为一个独立的、亲切的、稳定的、诚实的、坚强的、活泼开朗的人。

你知道如何克制愤怒吗

一位影星的忏悔：当时我很愤怒，没有克制住自己，打了人。其实在伤害对方的那一刻，我就后悔了。后来，我立即通过相熟的媒体向对方道歉，对方也接受了。我现在仍要对她说，我对不起她，伤害她是我不对。如果是现在，我不会那样，而会选择更好的方式来解决问题。但当时的冲动是避免不了的，不是因为当时没有现在成熟，而是因为当时根本看不清自己，到现在已经隔了一段时间，当然也就清醒了。这几天正在家闭门思过，深刻反省自己的错误。

人有时需要宣泄，否则会造成压抑，但更多的时候需要冷静，尤其是想对别人发脾气的时候，一定要克制自己的愤怒。有的人，特别是男青年，往往为了一点儿芝麻绿豆大的事情就大打出手，造成很大的危害。

其实，愤怒是一种很正常的情绪，它本身不是什么问题，但不知道如何表达愤怒则易出问题。对大多数人来说，适当有效地表达愤怒是很困难的。一般来说，我们要么肆无忌惮、漫无目的地发泄愤怒，要么是把愤怒埋在心底，任它发霉腐烂。暴雨倾盆的愤怒会对别人和自己造成伤害；而把愤怒强行压制下去也是行不通的，因为压抑的愤怒不会消失，它会以头痛、抑郁、无缘无故的妒忌等形式表现出来。

拿破仑·希尔幽默地讲述过一件他个人的经历，事情是这样的：

有一天，拿破仑和办公室大楼的管理员发生了一场误会。这场误会导致他们两人之间彼此憎恨，甚至演变成一种激烈的敌对情形。这位管理员为了显示他对拿破仑的不悦，当他知道整栋大楼里只有拿破仑一个人在办公室中工作时，他立刻把大楼的电灯全部关掉。这种情形一连发生了几次，最后，拿破仑决定进行“反击”。

某个星期天，机会来了，拿破仑到书房准备一篇预备在第二天晚上发表的演讲稿。拿破仑刚刚在书桌前坐好，电灯熄灭了。拿破仑立刻跳了起来，奔向大楼地下室。当他到达那儿时，发现管理员正忙得很，管理员把煤炭一铲一铲地送进锅炉内，同时一面吹着口哨，仿佛什么事都未发生似的。拿破仑立刻对管理员破口大骂，达5分钟之久。最后，拿破仑实在想不出什么骂人的词句，只好放慢了速度。这时候，管理员站直了身体，转过头来，脸上露出开朗的微笑，并以一种充满镇静及自制的柔和声调说道：“呀，你今天有点激动吧，不是吗？”管理员的这句话就像一把锐利的短剑，一下子刺进拿破仑的体内。管理员既不会写也不会读，却在这场战斗中打败了他，更何况这场战斗的场合，以及武器，都是拿破仑自己所挑选的。拿破仑暗自想着：我知道，我不仅被打败了，更糟糕的是，我是主动的，这一切只会更增加我的羞辱。我自认为是个高深心理学的学者，是“黄金定律”哲学的创始人，精通莎士比亚、苏格拉底、柏拉图、爱默生等人的作品，还有《圣经》；而站在我对面的人对文学及哲学一无所知，却在这一次的口角之争中把我打得惨败。

拿破仑转过身子，以最快的速度回到办公室。他再也没有其他事情可做了。当他把这件事反省一遍之后，即刻看出了自己的错误。但是，坦白来说，拿破仑却很不愿意采取行动来化解自己的错误。拿破仑知道，他必须忍受这个羞辱。必须向那个人道歉，内心才能平静。拿破仑费了很久的时间才做出这个决定。

拿破仑开始往地下室走去，但这一次比上次走得慢了很多。拿破仑不断地在思考，应该如何进行这第二次的行动，以便把羞辱减到最低程度。来到地下室后，拿破仑把那位管理员叫到门边。管理员以平静、温和的声调问道："你这一次想要干什么？"拿破仑说："我回来是为我的行为道歉的——如果你愿意接受的话。"管理员脸上又露出了那种微笑，他说："凭着上帝的爱心，你用不着向我道歉。除了这四堵墙壁，以及你和我之外，并没有人听见你刚才所说的话。我不会把它说出去的，因此，我们不如就把此事忘了吧。"

这段话对拿破仑所造成的羞辱更甚于他第一次所说的话，因为管理员不仅表示愿意原谅拿破仑，实际上更表示愿意帮助他隐瞒此事，不使它宣扬出去，以对他造成伤害。

拿破仑向管理员走过去，抓住他的手，和他握一握；拿破仑不仅是用手和那人握手，更用自己的心和他握手。在走回办公室的途中，拿破仑感到心情十分愉快，因为他终于鼓起勇气，化解了自己做错的事。

一个人之所以会愤怒，是因为需要别人做什么事情。问问自己：我究竟希望他做什么？我想通过愤怒来达到什么目的？不要被愤怒蒙住了眼睛，看看愤怒背后你的那些欲望是什么。比如你希望和别人交朋友，被对方拒绝后恶语相向、行为不当，那么你就永远失去了和他亲近的机会。相反，你可以说出你真正的感觉："我很重视我们的友谊，但有些事情威胁到了我们的友谊，这让我很失望。让我们谈谈，一起来解决这个矛盾怎么样？”

无论什么原因，你都要对自己的愤怒负责任。不要给愤怒寻找理由，你需要的是解决问题，不是空洞的胜利。

不要害怕愤怒。回想上次你暴怒的情况，世界毁灭了吗？愤怒本身并不是有害的——你的愤怒不会杀人，他人的愤怒也杀不了你。只有固执地坚持用那些有害的方式表达愤怒时，愤怒才能造成悲剧。

真诚、负责地表达你的愤怒，不要用暴力的方式。告诉别人是什么让你感到愤怒或是受伤害，告诉他们你真正希望他做的是什么。

不要因为一时的愤怒造成了不好的结果而指责自己。拿出你发泄愤怒时的勇气来，去道歉！愤怒之后，试着去了解是什么真正让你愤怒，并把你的想法告诉另一个人。

如何使自己冷静下来

现年25岁的小丁在某私营企业工作多年，并任车间主管。一天晚上，他和同事们一起打扑克，牌技不佳的小胡常出错牌，小丁指责他不会配合，为此，双方发生了争吵和扭打，小丁被小胡踢了一脚，小丁非常生气，砸碎啤酒瓶，用玻璃碎片将小胡的眼部和脸部戳伤。小胡把小丁告了，结果小丁被法院以故意伤害罪，依法判处有期徒刑一年。

美国研究“应激反应”的专家理查德·卡尔森说：“我们的恼

怒有80%是自己造成的。”这位加利福尼亚人在讨论会上教人们如何不生气。他还就此写了一本书《不要为小事情浪费精力》。

卡尔森把防止激动的方法归结为这样的话："请冷静下来！要承认生活是不公正的。任何人都不是完美的，许多事情都不会按计划进行。”

玛丽是美国圣保罗市的缝纫机推销员，每月平均维持销售15台的记录。有一次，她在鱼市上向一位中年人推销，却遭到了呵斥，并警告她马上离开，否则不客气。玛丽很难过，但她忍住了泪水，继续对这个凶狠的男人谈她的产品。那位男人竟把整桶的水倒在她身上，她当众成了落汤鸡。

面对这种羞辱，她禁不住泪流满面。她对自己说："我家里的收入又不是让我无法生活，我何必要到处受人侮辱呢？我再也不干推销员这一行了！”

做出决定后，玛丽回到家，躺在沙发上，把今天遇到的遭遇想了一遍又一遍，她竟冷静下来。她觉得自己不能在这种耻辱与困难面前退下来。她想，我在公司里一直是推销冠军，也许，这个工作就是我的天职，很可能是上帝有意安排让我吃苦，考验我的容忍力。如果我就此停止推销工作，这一生必定都会受到这次失败与耻辱的缠绕，无法安宁，一直到生命终止那一刻。

玛丽经历失败之后，性格有所改变。她能够用更多的平常心去看待人和事，她不再容易冲动、生气了，而对待人更客气礼貌了。她的推销业绩越来越好，继续保持着推销冠军的位置。当别人向她讨教推销秘诀时，她笑了笑说："有什么秘诀呢？我只是会吃闭门羹而已。”

奥古斯汀说："在你心中的庭院，培植一棵容忍的树，虽然它的根很苦，可是果实一定是甜的。”

白朗宁也曾说过："有勇气改变你能够改变的，愿意接受你无法改变的，并且明智地判断你是否有能力改变。”

“应激反应”这概念于20世纪50年代才被医学界用来说明身体和精神对极端刺激（噪音、时间压力和冲突）的防卫反应。

埃森医学心理学研究所所长曼弗雷德·舍德洛夫斯基说：“短时间的应激反应是无害的。”他说：“使人受到压力的是长时间的应激反应。”他的研究所的调查结果表明：有61%的德国人感到在工作中不能胜任；有30%的人因为觉得不能处理好工作和家庭的关系而有压力；20%的人抱怨同上级关系紧张；16%的人说在路途中精神紧张。

他告诉人们：“不要让小事情牵着鼻子走。遇事要冷静，保持心理平衡，不让精神失去重心。”

怎样化解夫妻之间的矛盾

一个妻子的倾诉：是我不好，让你难过，让你伤心。我很后悔自己没有控制好自己的情绪，对你发火，不顾一切地收拾东西，一走了之。谢谢你很多次的挽留，让我依然可以和你在一起。其实从一开始到现在，始终是你付出了很多很多，给我信心，给我个怀抱，让我安心撒娇，给我很多很多，只是，我好傻，一直以为只有自己付出了。我相信你会对我好，我也请你相信，我不会与你争吵了。争吵的结果只能让我一直生活在一种不确定和一种紧张情绪之中。

夫妻间相处得好，善于以合理的方式处理冲突是一个很重要的因素。夫妇在同一空间共度岁月，单是这一点，每天就会使彼此的自由在多方面受到限制。婚姻美满不美满，看夫妇俩人发生冲突时，是否应付得体。

有些夫妇每有冲突，定要一决“胜负”。他们不知道与配偶发生冲突而取得“胜利”，只是个错觉——一个人“胜利”，难免给对方造成伤害。

记住，婚姻有赖两人合作，而不是决胜负的斗争。目标不是决定谁是谁非，而是谋求双方都接受的容忍与妥协。

这里有个建议，就是在夫妻争吵时，不要去当胜者，而要甘当弱者，以自己的柔情化解对方的火气。

当你的爱人发火时，你要控制自己，要忍怒，竭力使自己的情绪冷静下来，这样随着时间的推移，怒火会在你心中慢慢消失，最后你就觉得委屈不值一提了。阿拉伯有条谚语说得好：“时间能医治一切创伤，时间也能熄灭一切怒火。”在非原则性的矛盾中，还是讲谦让，少说一句为好。

理智的让步可避免事态扩张，矛盾升级。夫妻走到一起是种缘分，应该以宽容为怀。要“道义相砥，过失相规”，在道义上互相砥砺，有过失互相规劝。你对爱人知心、知情、知性，话能说到点子上，就能使爱人动心消气，言归于好。

容忍是决定婚姻成败的关键，容忍是夫妻走向理解与和谐的坦途。夫妻俩要做到：

第一，如果双方心里确实有气，一时没有控制住，吵了嘴，千万要掌握好吵架时间，不要过长，吵得越久越伤害感情。

第二，吵架归吵架，不能随便提出“离婚”。有的人一争吵就嚷着要离婚，其实是一时之气，或者成了习惯语，但这话对对方打击最大。

第三，如果双方在感情上一时扭转不过来，形成僵局，那么，要打破僵局必有一方主动采取行动，不要把主动求和看作是“屈服”、“投降”，气度恢弘一些，风格高尚一些。

古人说：“正家之道，始于夫妇。上承祭祀，下养父母。唯夫义而妇顺，乃起家而裕厚。”意思是说，治家的正道，开始在于夫妻俩人的同心协力，继承礼仪、孝敬父母、培养下一代，只有丈夫温和而尊重妻子，妻子温柔而支持丈夫事业，家道才会兴隆旺盛。

珍惜感情的人是不会随便伤害对方的，不小心造成了伤害，会主动赔礼道歉，请求原谅。向自己爱的人认错不是丑事。体谅对方，即使被对方伤害了，也能忍受；要用真诚的心去唤醒对方的爱。相互尊重，彼此理解。夫妻间最忌讳斤斤计较，不能老是唠叨对方这样不对、那样不好，要多反省、检查自己。

夫妻争吵要避开一个“雷区”和一个误区。一个“雷区”是指互揭老底，贬损对方人格；一个误区指没完没了，非要求一个谁对谁错的结果。

另外，夫妻间的争吵也是一种情感的宣泄，比什么事都闷在心里打冷战有益得多。记住：冷漠，是幸福婚姻的第一杀手。

心情不愉快时的最佳对策

一个爱美女孩的自述：最近胖了很多，好多很久未见的朋友都很惊讶我为什么胖了，而且胖得好丑。我的体重不知道是什么原因在直线上升，露脐装不能穿了，因为长出了“救生圈”，头发不敢梳起来了，因为脸大得吓人，贴身的牛仔裤不能穿了，因为腿粗得像小象，天呀！原本是只人见人爱、花见花开的“黑天鹅”，现在变成了一只又胖又黑的“大黑猪”！这样，我的心情还会好吗？

人们都愿意自己经常并永久处于欢乐和幸福之中。然而，生活是错综复杂、千变万化的，并且经常发生祸不单行的事。频繁而持久地处于扫兴、生气、苦闷和悲哀之中的人必然会出现健康问题，减损寿命。那么，遇到心情不快时，应采取什么对策呢？

如果你心情不愉快，你不如认为自己有不快乐的权利。也许，努力的过程中，方法不对、技巧有待改进，没关系，痛哭一场之后，可以重新开始！

允许自己不快乐，是释放压力的方式之一。当然，你不要让自己长期处于不快乐的状态，那并不健康。但是，逼自己永远表现很快乐的样子，同样有害身心发展。

暂时的不快乐，是人生中常有的过渡期。毕竟，我们都在过日子，没有人是天天过年的。情绪的潮起潮落，时高时低，都是很自然的事。

不快乐的原因，也许和你的体力有关、也许和你的工作进度有关。或是你在感情生活中有挫折，或来自人际关系的危机。总之，不快乐一定有不快乐的原因，但你必须先发现不快乐、承认不快乐，才能进一步找出可以对症下药的解决方式。

有时候，你会发现：没什么特别的负面因素导致不快乐，那很可能只是因为长期疲劳的关系。至少，你因此而知道必须安排假期出去走走了。能够感觉自己不快乐，是很聪明的自我察觉。比起那些终日麻木不仁，搞不清楚自己心情状态的人，要好得多。

接受自己不快乐的事实。发现自己不快乐的时候，不妨休息一下，允许自己发个呆。如果有特殊状况，必须暂时隐藏不快乐的情绪，也不要撑得太久。你可以告诉值得信任的人，请他帮忙分担一下可能必须应付的场面。一位失恋者，已经一年多不曾好好睡过觉，心情不开朗，体力也渐渐衰弱。朋友很热心地帮他走出失恋的阴影，重拾快乐的人生。

一个人的不快乐，多半是自己造成的。有一句话说："世界上能让你不快乐的人，只有你自己。"说得真有道理。往另一个方向思考，道理也一样。"世界上能让你重拾快乐的，也唯有你自己。"

你有不快乐的权利，也有让自己重拾快乐的义务。

转移思路。努力把不快的思路转移到高兴的思路上去。

向人倾诉。首先可以向朋友倾诉，心胸自然会像大开的门。即使面对不很知心的人，学会把心中的委屈不软不硬地倾诉给他，也常能得到心境立即转晴之效。

亲近宠物。主动与小动物亲近，对着它们倾诉。

爱好执着。人无爱好，生活单调，每遇到心情不快时，完全可全身心一头扎到自己的爱好之中。

多舍少求。多奉献少索取的人，总是心胸坦荡，笑口常开。

如何克服社交恐惧症

自述者：我没有什么爱好，就是喜欢自己一个人静静地看书。我没有很要好的朋友，高中时有几个同学比较好，但也是他们来找我玩，我很少去找他们玩。现在大家都工作了，更没有机会在一起玩。工作中的同事都没什么交往，我担心他们看不起我，担心自己会在他们面前出丑，而且我不了解他们。在与别人交往，特别是见到上级领导或向上司汇报工作的时候，还有就是在与别人谈话，特别是面对陌生人时，会紧张得心跳加快，感到脸上很热，觉得浑身上下都不自在。

没有朋友，心中的烦恼向谁倾诉？封闭自己，孤独寂寞中只会越来越压抑自己。性格孤僻的人容易在行为上走极端，因为他总是处于一种控制状态，没有很好的宣泄渠道。

社交恐惧症患者总是处于焦虑状态，他们害怕自己在别人面前出洋相，害怕被别人观察。与人交往，甚至在公共场所出现，对他们来说都是一件极其恐怖的事情。

社交恐惧症主要可以分为一般社交恐惧症和特殊社交恐惧症两类。

一般社交恐惧症：如果你患了一般社交恐惧症，在任何地方，任何情境中，你都会害怕自己成了别人注意的中心。你会发现周围每个人都在看着你，观察你的每个小动作。你害怕被介绍给陌生人，甚至害怕在公共场所进餐、喝饮料。你会尽可能回避去商场、进餐馆。你从不敢和老板、同事或任何人进行争论，捍卫你的权利。

特殊社交恐惧症：如果你患了特殊社交恐惧症，你会对某些特殊的情境或场合特别恐惧。比如，你害怕当众发言、当众表演。尽管如此，你在别的社交场合，却并不感到恐怖。推销员、演员、教师、音乐演奏家等等，经常都会有特殊社交恐惧症。他们在与别人的一般交往中，并没有什么异常，可是当他们需要上台表演，或者当众演讲时，他们会感到极度地恐惧，常常变得结结巴巴，甚至愣在当场。

社交恐惧症患者总是担心会在别人面前出丑，在参加任何社会聚会之前，他们都会感到极度地焦虑。他们会想像自己如何在别人面前出丑。当他们真的和别人在一起的时候，他们会感到更加不自然，甚至说不出一句话。当聚会结束以后，他们会一遍一遍地在脑子里重温刚才的镜头，回顾自己是如何处理每一个细节的，自己应该怎么做才正确。

这两类社交恐惧症都有类似的躯体症状：口干、出汗、心跳剧烈、想上厕所。周围的人可能会看到的症状：红脸、口吃结巴、轻微颤抖。有时候，患者发现自己呼吸急促，手脚冰凉。最糟糕的结果是，患者会进入惊恐状态。

社交恐惧症是非常痛苦、严重影响患者生活工作的一种心理障碍。一般人能够轻而易举办到的事，社交恐惧症患者却望而生畏。患者可能会认为自己是个乏味的人，并认为别人也会那样想。于是患者就会变得过于敏感，更不愿意打搅别人。而这样做，会使得患者感到更加焦虑和抑郁，从而使得社交恐惧的症状进一步恶化。许多患者通过改变他们的生活，来适应自己的症状。他们（和他们的家人）不得不错过许多有意义的活动。他们不能去逛商场买东西，不能建立正常的两性关系，不能带孩子去公园玩，甚至为了避免和人打交道，他们不得不放弃很好的工作机会。

给人第一印象好坏，是决定与人交往是否能继续下去的关键，一开始就从树立良好的第一印象入手，保证你万事如意。

始终保持旺盛的精力，饱满的热情，大方自然的精神，是优化个人形象的重要因素。与人交往，神采奕奕，精力充沛，显得富有自信力，便能激发对方与你交往的热情，活跃交往气氛。

如果经历社交恐惧的时间比较长，陷得也比较深，那么，最好还是由专业的心理医生来帮助解决。对于问题不那么严重的人，也可以进行自我调节。

1. 深呼吸放松法。当自己在社交场合中感觉紧张时，可以暂且找一个不引人注目的角落，以尽可能慢的速度做几次深呼吸，同时在心里默念：放松、放松。

2. 想象放松法。平时想象一个自己最喜欢的场景（如草原、森林、大海等），每天练习几次，直到一想到“草原”或“森林”等词时立刻便感觉放松为止。以后在社交场合中感觉紧张时，便可以通过在心中默念这个词以达到放松的效果。

3. 系统脱敏法。把自己最感恐惧的场景依次排列出来，如和人打招呼、在人面前书写、当众发言，然后，从最低等级开始，先做一会儿放松训练，然后想象自己正与人打招呼，停止想象，体会一下刚才的紧张程度，再做放松练习，再想象，再体会，直到不感觉紧张，直到想象自己当众发言也不紧张时为止。

当我们完成了想象脱敏之后，还应在现实生活、学习、工作场景中去逐渐脱敏，直到消除紧张为止。

4．模仿学习法。向周围那些社会适应良好、性格开朗的人学习，去和他们交往并且交友，从某种意义上说，这是降低不太严重的社交恐惧症的捷径。

5．转移刺激法。即暂时转移引起社交恐惧的外界刺激。由于外界刺激在一段时间内消失，其条件反射在头脑中的痕迹就会逐渐淡漠，有时还可消除。